Band 20 · November 1984 **11**

isotopenpraxis

AKADEMIE-VERLAG

ISSN 0021–1915 Isotopenpraxis, Berlin 20 (1984) 11, 401–436

EVP 9,– M

ISOTOPENPRAXIS

herausgegeben von J. Mühlenpfordt, Berlin

An unsere Autoren

Die Zeitschrift veröffentlicht Beiträge zu folgenden Themen: Kontrolle und Analyse radioaktiver und stabiler Isotope, Anwendung radioaktiver und stabiler Isotope in allen Gebieten der Forschung und Technik, der Industrie, Landwirtschaft und Medizin, Herstellung radioaktiver und stabiler Isotope sowie von markierten Verbindungen, kernelektronische Geräte für die Isotopenanwendung (Dickenmesser, Dichtemesser u. ä.) Detektoren für isotopentechnische Arbeiten und den Strahlenschutz in Isotopenlaboratorien, Meßtechnik und Strahlenschutz, Dosimetrie in Isotopenlaboratorien, kerntechnische Geräte für die Isotopenanwendung (Beton, Bestrahlungsanlagen u. ä.). Strahlenchemie, Radiochemie, ökonomische und perspektivische Fragen, Fragen der Weiterbildung.

1. Aufnahme von Manuskripten

Zur Veröffentlichung angenommen werden nur druckreife, noch nicht anderweitig publizierte Beiträge in deutscher, englischer oder russischer Sprache zum Themenbereich der Zeitschrift und zwar

- Originalarbeiten
- Kurze Mitteilungen
- Aus der Praxis
- Zusammenfassende Berichte
- Tagungsberichte
- Informationen

Sind der Beitrag oder Teile daraus bereits veröffentlicht oder ist eine anderweitige Veröffentlichung vorgesehen, so muß dies der Redaktion mit genauer Angabe der Zweitveröffentlichung mitgeteilt werden. Mit der Annahme des Manuskriptes behält sich der Verlag das Recht der Vervielfältigung, Verbreitung und Übersetzung innerhalb der gesetzlichen Schutzfrist vor. Auszugsweiser Nachdruck oder photomechanische u. a. Wiedergabe sind an eine schriftliche Genehmigung des Verlages gebunden. Manuskripte, Zeichnungen und Photos von veröffentlichten Arbeiten werden nur auf den besonderen und bis zum Zeitpunkt der Veröffentlichung mitgeteilten Wunsch des Autors zurückgesandt.
Bei der unverlangten Einreichung von Manuskripten wird empfohlen, eine Befürwortung eines der Herausgeber oder Redaktionsausschußmitglieder beizufügen.
Manuskripte sind einzureichen bei der Redaktion, 1086 Berlin, Leipziger Str. 3–4.

2. Form der Manuskripte

Die Autoren werden gebeten:
2 Manuskripte, eines davon in Original-Maschinenschrift, einseitig und mit 2zeiligem Abstand einzureichen; gut leserliche Photokopien sind zulässig; auf dem 1. Blatt (unter Weglassung der Bezeichnung)
den Titel der Arbeit
Vorname-Initialen und Namen sämtlicher Autoren
gegebenenfalls die Institution, in der sie tätig sind
eine kurze Zusammenfassung der Arbeit von höchstens 15 Zeilen
Keywords in alphabetischer Reihenfolge und
als Fußnote die Anschrift der Institution anzugeben;
wenn möglich, auf gesonderten Blättern Namen, Titel der Arbeit und Zusammenfassung in den beiden anderen obengenannten Sprachen 2fach beizufügen;
Literaturhinweise (fortlaufend numeriert), Fußnoten, Tabellen, Abbildungen (in 2–3facher Veröffentlichungsgröße), Abbildungsunterschriften (getrennt von den Abbildungen mit Zeichenerklärungen, Quellenangaben, falls erforderlich, und gegebenenfalls mit einem Vermerk für besondere Wünsche bezüglich der Abbildungsgröße), private und Dienstanschrift der Verfasser mit akademischen Titeln und ausgeschriebenen Vornamen auf besonderen Blättern ans Ende des Manuskriptes zu stellen;
Wünsche für den Kolumnentitel (Seitenüberschrift) bekanntzugeben;
Absätze durch Einzüge von mindestens 3 Anschlägen kenntlich zu machen;
die Maßeinheiten des SI-Systems („Systeme International") zu verwenden;
Korrekturen im Manuskript unmittelbar an der zu korrigierenden Stelle anzubringen;
Formeln deutlich lesbar und möglichst groß einzutragen;
Farbabbildungen und nachträgliche Änderungen oder Ergänzungen in Abbildungen zu vermeiden;
hervorzuhebende Textstellen zu unterstreichen, und zwar halbfetten Satz mit einer geraden schwarzen Linie, kursiven Satz (Schrägschrift) mit einer blauen Wellenlinie (alle Eigennamen). Sperrungen gestrichelt;
besondere Buchstaben durch farbige Unterstreichung zu kennzeichnen, und zwar Formelzeichen in
Griechisch-Kursiv (α, β, ...) rot,
Kursiv (A, B, ...) blau
halbfetter Kursiv ($\boldsymbol{A}$, $\boldsymbol{B}$, ...) 2 Linien blau (Vektoren),
halbfetter Grotesk (**A**, **B**, ...) 2 Linien violett (Tensoren);
bei Literaturangaben auf Vollständigkeit zu achten. In nachstehender Reihenfolge müssen angegeben sein:

a) bei *Zeitschriften*: Vorname-Initialen und Namen sämtlicher Autoren, Titel der Zeitschrift (nach „Periodica Chimica" oder möglichst wenig gekürzt), Bandnummer (unterstrichen), Jahreszahl (in Klammern), Heftnummer (nur bei Zeitschriften, die jedes Heft mit S. 1 beginnen) sowie die Seitenzahl, auf der die zitierte Arbeit beginnt.

b) Bei *Büchern*: Initialen der Vornamen und Name des Autors (Herausgeber werden durch den Zusatz „ed." gekennzeichnet), voll ausgeschriebener Titel des Buches in der Originalsprache, evtl. Bandnummer, voll ausgeschriebener Name des Verlages, Nummer der Auflage (außer der ersten), Erscheinungsort(e), Erscheinungsjahr (hier nicht in Klammern setzen!) und evtl. Kapitelnummer, Seitenzahl u. ä.

c) bei *Sammelbänden, Tagungsberichten*: Es soll zusätzlich der Titel des zitierten Beitrags angegeben werden. Die Seitenzahl muß unbedingt angegeben werden. Aus dem Zitat muß hervorgehen, ob es sich um einen Tagungssammelband oder um einen noch nicht veröffentlichten Vortrag handelt. Zwischen Tagungsort und Erscheinungsort des entsprechenden Tagungsberichts ist zu unterscheiden.

3. Korrekturen

Der Autor erhält zwei Umbruchabzüge, von denen einer möglichst schnell korrigiert an die Redaktion zurückgereicht werden soll. Auf Wunsch des Autors kann die Korrektur auch von der Redaktion gelesen werden.

Durch nachträgliche Manuskriptänderungen verursachte Korrekturkosten gehen, sofern sie 10% der Satzkosten übersteigen, zu Lasten des Autors.

Der Autor erhält 50 Sonderdrucke kostenlos. Weitere Sonderdrucke können bis zur Rückgabe der Korrekturabzüge auf Kosten des Autors bei der Redaktion bestellt werden.

Bezugsmöglichkeiten

Bestellungen sind zu richten

- **in der DDR** an den Postzeitungsvertrieb unter Angabe der Kundennummer des Bestellenden oder an den AKADEMIE-VERLAG, DDR-1086 Berlin, Leipziger Straße 3–4, PF-Nr. 1233;
- **im sozialistischen Ausland** an eine Buchhandlung für fremdsprachige Literatur oder an den zuständigen Postzeitungsvertrieb;
- **in der BRD und Berlin(West)** an eine Buchhandlung oder an die Auslieferungsstelle KUNST UND WISSEN, Erich Bieber OHG, Wilhelmstraße 4–6, D-7000 Stuttgart 1;
- **in den übrigen westeuropäischen Ländern** an eine Buchhandlung oder an die Auslieferungsstelle KUNST UND WISSEN, Erich Bieber GmbH, Dufourstraße 51, CH-8008 Zürich;
- **im übrigen Ausland** an den Internationalen Buch- und Zeitschriftenhandel; den Buchexport, Volkseigener Außenhandelsbetrieb der Deutschen Demokratischen Republik, DDR-7010 Leipzig, Postfach 160; oder an den AKADEMIE-VERLAG, DDR-1086 Berlin, Leipziger Straße 3–4.

Zeitschrift „Isotopenpraxis"

Herausgeber: Im Auftrag des Akademie-Verlages herausgegeben von Prof. Dr. Justus Mühlenpfordt
Verlag: Akademie-Verlag, DDR-1086 Berlin, Leipziger Straße 3–4, PF-Nr. 1233; Fernruf: 2236221 oder 2236229; Telex-Nr.: 114420;
Bank: Staatsbank der DDR, Berlin, Kto.-Nr.: 6836-26-20712
Verantwortlich für den Inhalt des Heftes: Prof. Dr. H. Hübner, Leipzig
Anschrift der Redaktion (Fernruf Frau H. Schier: 6351177) der Zeitschrift Isotopenpraxis: Akademie-Verlag, DDR-1086 Berlin, Leipziger Str. 3–4, PF-Nr. 1233
Veröffentlicht unter der Lizenznummer 1527 des Presseamtes beim Vorsitzenden des Ministerrates der Deutschen Demokratischen Republik
Gesamtherstellung: VEB Druckerei „Thomas Müntzer", DDR-5820 Bad Langensalza
Erscheinungsweise: Die Zeitschrift „Isotopenpraxis" erscheint monatlich. Die 12 Hefte eines Jahrganges bilden einen Band. Bezugspreis je Band 216,– M zuzüglich Versandspesen. Preis je Heft 18,–
Bestellnummer dieses Heftes: 1079/20/11

AN (EDV) 12831

Isotopenpraxis 20 (1984) 11, S. 401 bis 406

Alphaspektrometrische Isotopenverdünnungsanalyse von Plutoniumisotopen in Kernbrennstofflösungen

U. Niese, J. von Borany, P. Urwank, S. Niese

(Zentralinstitut für Kernforschung Rossendorf)[1])

In einer bestrahlten Kernbrennstofflösung wurde die Plutoniumaktivität mit Hilfe der Isotopenverdünnungsanalyse bestimmt. Dabei wurde ^{238}Pu als Tracerisotop verwendet. Die Abtrennung des Plutoniums wurde durch Extraktion und die Aktivitätsmessung mit Hilfe der Alphaspektrometrie unter Verwendung von Si-Halbleiterdetektoren vorgenommen. Die Störung durch ^{241}Am wurde durch gammaspektrometrische Messung berücksichtigt. Die Genauigkeit der ^{238}Pu-Aktivitätsmessung und die der Messung der Gesamtaktivität beträgt ungefähr 1,5%. Die Bestimmung des ^{239}Pu zu ^{240}Pu Verhältnisses war nur mit einem großen Fehler möglich, entsprechend der nahezu gleichen Alphaenergien dieser Isotope und der komplizierten Peakform. ^{241}Pu wurde durch alphaspektrometrische Differenzmessung der nachgebildeten ^{241}Am Aktivität bestimmt.

In irradiated nuclear fuel solution plutonium isotops were determined with the help of isotope dilution analysis. ^{238}Pu was used as a tracer isotope. Plutonium was separated by extraction and the activity was measured by alphaspectroscopy using silicon detectors. Interfering ^{241}Am was recognized by gamma spectroscopic measurements. The accuracy of ^{238}Pu determination and the determination of the total activity amounts to about 1·5%. For the ^{239}Pu:^{240}Pu ratio we obtained a value with a large systematic error due to the similar alpha energies of these isotopes in the complicated shape of the peaks. The ^{241}Pu activity was determined by alphaspectroscopic difference measurement, and was calculated from the ingrown of ^{241}Am activity.

Keywords

alpha spectroscopy; fuel solutions; isotope dilution; nuclear fuels; plutonium 238; plutonium isotopes; tracer techniques

1. Einleitung

Die Bestimmung der Plutoniumaktivität und der Plutoniumkonzentration ist für die Kernmaterialkontrolle, zur Gewährleistung des Strahlenschutzes und der nuklearen Sicherheit, aber auch zur Optimierung der Rechenprogramme für das Kernkraftwerksregime von Bedeutung.

Während für größere Mengen und mit größeren Fehlern Messungen der bei spontaner oder induzierter Spaltung ausgesandten Neutronen sowie niederenergetischer Gammastrahlung zur zerstörungsfreien Messung genutzt werden können, ist für eine genaue Bestimmung eine Auflösung der Probe, Abtrennung des Plutoniums mit nachfolgender Massen- bzw. Alphaspektrometrie notwendig. In dieser Arbeit soll dabei die Leistungsfähigkeit der Alphaspektrometrie untersucht werden.

2. Alphaspektrometrische Isotopenverdünnungsanalyse

Bei der Isotopenverdünnungsanalyse wird nach Teilung der Probe und Zugabe einer definierten Aktivität eines Tracerisotopes das selbst in der Probe nur zum geringen Anteil oder überhaupt nicht enthalten sein sollte zu einer Teilprobe in den Unterproben eine Abtrennung des Elementes und in den dabei erhaltenen Meßproben eine Messung von Aktivitätsverhältnissen vorgenommen.

Für die Bestimmung von Plutonium in einer Kernbrennstofflösung ist ^{238}Pu als Tracerisotop, wegen seiner hohen spezifischen Aktivität, gut gegeinet [2].

In Tab. 1 sind die Kerndaten für Plutoniumisotope und ^{241}Am zusammengestellt [1, 3, 4]. Wie aus der Tabelle ersichtlich, ist eine alphaspektroskopische Unterscheidung der Nuklide ^{240}Pu und ^{239}Pu sowie ^{238}Pu und ^{241}Am kaum möglich.

Die gesuchte spezifische Aktivität A eines Plutoniumisotopes i pro g Kernbrennstofflösung ergibt sich aus den zu bestimmenden Aktivitätsverhältnissen zu:

$$A_i = \frac{m_T}{m_P} \cdot A_T \cdot \frac{R_S - R_I}{1 - \frac{R_S}{R_P}} \Big/ \text{Bq} \cdot \text{g}^{-1} \qquad (1)$$

Dabei bedeutet:

m_T — Masse der zugesetzten Tracerlösung, g
m_P — Masse der Probe, g
A_T — spezifische Aktivität des zugesetzten Tracers, Bq · g^{-1}
R_T — Aktivitätsverhältnis des zu bestimmenden Isotopes zum Tracer in der Probe nach Zusatz des Tracers
R_P — Aktivitätsverhältnis des zu bestimmenden Isotopes zum Tracer in der Probe ohne Tracerzusatz
R_I — Aktivitätsverhältnis von zu bestimmenden Isotop zu Tracerisotop in der Tracerlösung

Der Zusammenhang zwischen der Konzentration C eines Isotopes und dessen spezifischer Aktivität A_i ergibt sich nach Gleichung (2) zu:

$$C_i = \frac{A_i}{a_i} \Big/ \mu\text{g} \cdot \text{g}^{-1} \qquad (2)$$

[1]) Anschrift: 8051 Dresden, PF 19

Tab. 1. Kerndaten für Plutoniumisotope und ^{241}Am [2, 3]

Nuklid	Zerfall	$t_{1/2}$ / a	E_α / MeV	W_α / %	E_γ / keV	$W \cdot 10^4$	a / Bq/µg
^{238}Pu	α	87,74	5,356	0,1	43,49	3,6	$6{,}21 \cdot 10^5$
			5,456	28,3			
			5,499	71,6			
^{239}Pu	α	$2{,}41 \cdot 10^4$	5,054	0,25	51,63	2,08	$2{,}27 \cdot 10^3$
			5,105	11,5	38,60	0,59	
			5,143	15,1			
			5,155	73,3			
^{240}Pu	α	6553	5,123	26,5	45,24	4,5	$8{,}35 \cdot 10^3$
			5,168	73,4			
^{241}Pu	β	14					$3{,}89 \cdot 10^6$
^{241}Am	α	432,6	5,388	1,4	43,40	9,1	$1{,}26 \cdot 10^5$
			5,443	12,8	59,54	3600	
			5,486	85,2			
			5,544	0,34			
^{242}Pu	α	$3{,}87 \cdot 10^5$	4,856	77,5			$1{,}40 \cdot 10^2$
			4,901	22,4			

Dabei ist:

a_i die spezifische Aktivität eines reinen Isotopes in Bq/g

Der Zusammenhang zwischen der Aktivität im Peak j und der gemessenen Zähler Z_j ist:

$$Z_j = A_j \cdot W_j \cdot \varepsilon_j \cdot t_M \tag{3}$$

Es bedeutet:

Z_j — gemessene Zähler einer gegebenen Peaks
W_j — Übergangswahrscheinlichkeit der betreffenden Linie für das betrachtete Plutoniumisotop
ε_j — Detektoransprechwahrscheinlichkeit für die betrachtete Energie und die gewählte Geometrie
t_M — Meßzeit, s

Wegen der vernachlässigbaren Energieabhängigkeit von ε kann man das Aktivitätsverhältnis R direkt aus einem Spektrum aus den im Peak des Tracerisotopes aufsummierten Zählern Z_T, den Zählern des Peaks des zu bestimmenden Elementes Z sowie den zugehörigen Übergangswahrscheinlichkeiten W_T und W berechnen.

$$R = \frac{Z \cdot W_T}{Z_T \cdot W} \tag{4}$$

Dabei sind chemische Ausbeute der Trennung, Meßzeit, Totzeiten und Geometriefaktor, die sonst bei Aktivitätsbestimmungen zu systematischen Fehlern führen, ohne Bedeutung. Damit bestimmen die Abtrennung von anderen Elementen und die Linientrennung im Spektrum die Qualität des Verfahrens.

Als Tracerisotop wird in dieser Arbeit ^{238}Pu verwendet, so daß alle Aktivitätsverhältnisse auf dieses Isotop bezogen werden. Bei Messungen mit begrenztem Auflösungsvermögen werden die benachbarten Linien in einem einzigen Peak gemeinsam ausgewertet.

Für die Bestimmung von ^{241}Pu wird die Messung nach einer längeren Zeit (mindestens 1 Jahr) wiederholt. Dabei hat sich aus dem Betastrahler ^{241}Pu der Alphastrahler ^{241}Am gebildet, dessen Energien denen des ^{238}Pu ähnlich sind, wodurch diese Nuklide im gemeinsamen Peak erscheinen.

Das Abklingen von ^{238}Pu zwischen beiden Messungen wird durch $e^{-\lambda_{^{238}Pu} \cdot t}$ berücksichtigt. Es werden die Zählratenverhältnisse beider Messungen angegeben, wodurch man von Meßzeiten, Detektoreffektivitäten usw. unabhängig wird.

$$\frac{A_{^{241}Am}}{A_{^{238}Pu}} = \left(\frac{Z_2}{Z_4} - \frac{Z_1}{Z_3} \cdot e^{-\lambda_{^{241}Pu} \cdot t}\right) \frac{Z_{10}}{Z_{30}} \tag{5}$$

Dabei gelten für die erste Messung Z_1 für ^{238}Pu, Z_3 für $^{239+240}Pu$, Z_{10} und Z_{30} für die Linien der ungetracerten Proben und für die zweite Messung Z_2 für $^{238}Pu + {}^{241}Am$ und Z_4 für $^{239+240}Pu$.

Aus dem aus Gleichung (5) erhaltenen Aktivitätsverhältnis kann man mit den Zerfallskonstanten λ und der Abklingzeit t das ursprüngliche Aktivitätsverhältnis $R_{241} = A_{^{241}Pu}/A_{^{238}Pu}$ berechnen:

$$R_{241} = \frac{A_{^{241}Am}}{A_{^{238}Pu}} \cdot \frac{\lambda_{^{238}Pu}}{\lambda_{^{241}Am}} \cdot \frac{1}{(1 - e^{-\lambda_{^{241}Pu} \cdot t})} \tag{6}$$

3. Experimentelles

3.1. *Abtrennung des Plutoniums aus der Kernbrennstofflösung*

Nach Lösen des Kernbrennstoffes wird die Probe in sechs Unterproben aufgeteilt, wobei zu vier der Unterproben definierte Mengen einer Tracerlösung an ^{238}Pu (spezifische Aktivität 9,598 Bq · g^{-1} [Meßdatum: 3. 3. 1981], Verunreinigung an $^{240}Pu + {}^{239}Pu$: 0,109 ∓ 0,007%) zugegeben wird.

Bei der Abtrennung des Plutoniums aus der Kernbrennstofflösung besteht die Forderung nach einem möglichst hohen Trenneffekt, wobei im Ergebnis das Verhältnis von U : Pu nicht größer als 0,1 : 1 sein sollte und einem Abreicherungsfaktor von ca. 1 : 1000 entsprechen muß, um schließlich einwandfreie Meßpräparate zu erhalten. Das Schema der Trennung ist in Abb. 1 angegeben. Sie erfolgt nach vorhergehender Wertigkeitseinstellung in UVI, PuIV und NpV durch Extraktion mit 0,5 M Thenoyltrifluoraceton aus 1 N HNO_3, wobei nur das 4wertige Plutonium gut extrahierbar ist [5, 6]. Die Ausbeute, die jedoch für die Gehaltsermittlung nicht wichtig ist, lag zwischen 60 und 70%.

Die Herstellung der Meßproben geschah durch elektrolytische Abscheidung des Plutoniums auf V_2A-Stahlplättchen nach *R. F. Mitchel* [7] und *H. Schieferdecker* [8].

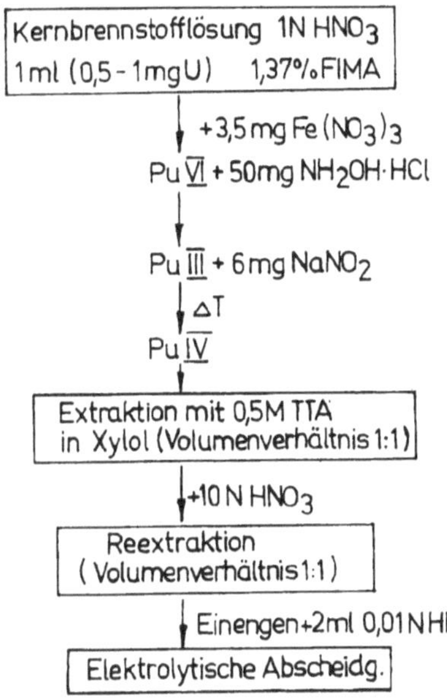

Abb. 1. Schema für die Abtrennung von Plutonium aus der Kernbrennstofflösung

Die verwendete Elektrolysezelle besteht aus einem Piacrylkörper mit konischer Öffnung und einer abschraubbaren Bodenplatte aus V_2A-Stahl. Auf die Bodenplatte wird ein V_2A-Stahlplättchen (Durchmesser: 30 mm effektive Probefläche: 1,77 cm²) mit einer Gummidichtung aufgepreßt. Vor ihrer Verwendung werden die Stahlplättchen entfettet und in einer schwefelsauren Zitronensäurelösung (200 g Zitronensäure + 200 ml H_2O_{dest} + 57,5 ml H_2SO_{4c}) anodisch bei einer Stromdichte von 300 mA · cm⁻² angeätzt. Die Ätzdauer beträgt 20 s. Die Elektrolyse wird in der Weise durchgeführt, daß an die Bodenplatte als Katode eine Gleichspannung von 10 V angelegt wird. Als Anode dient ein Platinblechstreifen mit einer effektiven Fläche von 2 cm². Die Elektrolyse wird bei einer Stromdichte von 300 mA · cm⁻² eine Stunde lang durchgeführt. Als Elektrolyt dient eine Lösung von 8 ml 0,75 M $(NH_4)_2SO_4$. Zusammen mit der Probenlösung, deren Volumen nicht größer als 1 ml sein sollte, ist der *p*H-Wert der Lösung auf 2 einzustellen (Zugabe von Ammoniak). Kurz vor dem Ende der Elektrolyse wird 1 ml einer konz. Ammoniaklösung in das Elektrolysegefäß gegeben und danach der Stromkreis sofort unterbrochen. Das Stahlplättchen wird anschließend mit dest. Wasser gründlich gespült und getrocknet. Ein Ausglühen dieser Meßproben unterblieb, da wir keinerlei Einfluß auf die Messung hinsichtlich spektraler Auflösung und auch keinen Einfluß auf die mechanische Stabilität dieser Meßproben hinsichtlich Abriebfestigkeit feststellten.

3.2. *Aktivitätsmessung*

Für die hochauflösende Alphaspektrometrie wurde ein ionenimplantierter Halbleiterdetektor ANOX I von uns angefertigt, dessen prinzipieller Aufbau in Abb. 2 dargestellt ist. Der Detektor wurde aus zonengeflotetem n-Si

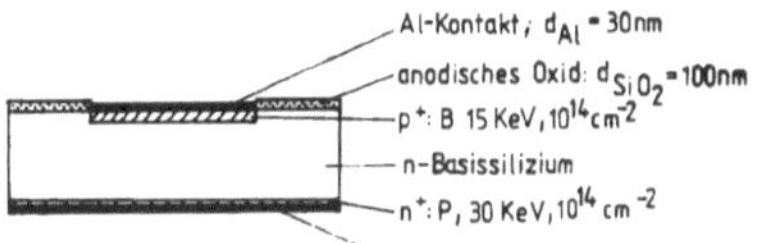

Abb. 2. Schematische Darstellung der Detektorstruktur ANOX

des VEB Spurenmetalle Freiberg mit einem spezifischen Widerstand von 100 Ωcm und einer Minoritätsladungsträgerdauer von 1 ms hergestellt. Dabei wurden im Herstellungsprozeß ausschließlich Temperaturen von < 723 K angewendet. Die Passivierung des p-n-Übergangs erfolgte mit einer durch anodische Oxydation im Elektrolyten hergestellten SiO_2-Schicht von 100 nm. Der Detektor ist als 7 × 7 mm² Chip auf einer 2″ Scheibe ausgelegt und besitzt eine empfindliche Detektorfläche von 12,6 mm². Bedingt durch die Anwendung einer Niedertemperaturtechnologie konnten Sperrströme $I = 20$ nA bei einer optimalen Arbeitsspannung von 50 bei 100 V erreicht werden. Die Raumladungstiefe ist größer als 150 µm [9].

Das energetische Auflösungsvermögen dieses Detektors wurde mit einer ^{210}Po Quelle bestimmt. Es beträgt 12 keV bei einer elektronischen Pulserhalbwertsbreite von 4,5 keV.

Für die Messung der Alphaaktivität wurde weiterhin eine kommerzielle Type höherer Effektivität bei schlechterer

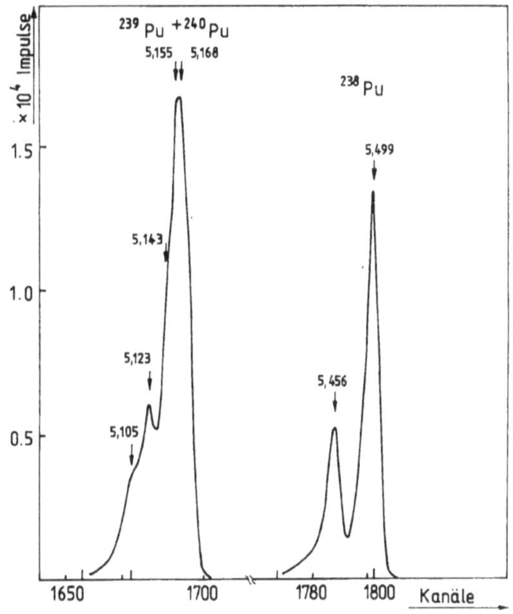

Abb. 3. Alphaspektrum des abgetrennten Plutoniums
Detektor I: Ionenimplantierter Si – HLD (ANOX); Abstand: Probe – Detektor 15 mm; Meßzeit 9232 s

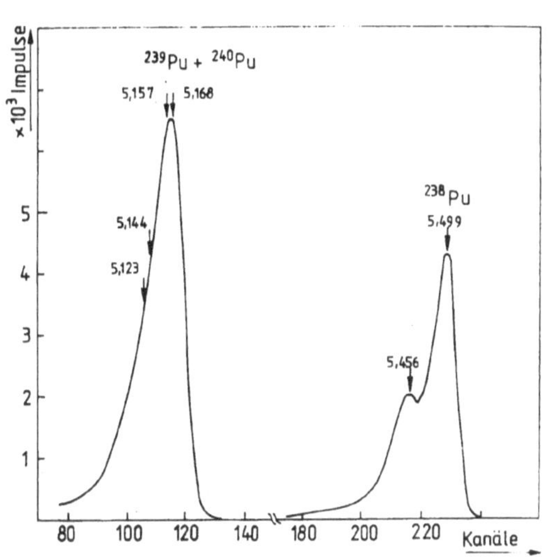

Abb. 4. Alphaspektrum des abgetrennten Plutoniums
Detektor II: Si(Li); Abstand: Probe – Detektor 15 mm; Meßzeit 4300 s

Tab. 2. Reproduzierbarkeit der alphaspektrometrischen Bestimmung des Aktivitätsverhältnisses $^{239+240}Pu/^{238}Pu$

Versuch Nr.	m_T/m_P	A_T Bq · g⁻¹	$^{239+240}Pu$ Ips	^{238}Pu Ips	R_P	Mittelwert ±S. D.
1.1.1	0,4682	53,518	64,07 ∓ 0,8	163,60 ∓ 2	0,3916	
1.1.2			62,96 ∓ 1	157,99 ∓ 4	0,3985	0,3957
1.2.1			32,74 ∓ 0,6	83,02 ∓ 2	0,3944	∓0,003
1.2.2			42,05 ∓ 0,8	105,59 ∓ 1	0,3982	
2.1.1	1,0085	9,491	47,95 ∓ 0,3	64,75 ∓ 0,6	0,7405	
2.1.2			48,23 ∓ 0,2	65,49 ∓ 0,1	0,7364	0,7364
2.2.1			59,23 ∓ 0,7	80,63 ∓ 0,8	0,7346	∓0,008
2.2.2			46,08 ∓ 0,1	62,75 ∓ 0,1	0,7343	
3.1.1	–	–	23,94 ∓ 0,1	14,06 ∓ 0,1	1,7027	
3.1.2			30,50 ∓ 0,2	17,56 ∓ 0,1	1,7369	1,7224
3.2.1			30,58 ∓ 0,3	17,71 ∓ 0,2	1,7267	∓0,014
3.2.2			23,92 ∓ 0,1	13,88 ∓ 0,1	1,7233	

Tab. 3. Mit dem Programm ORION ermittelte Peak-Parameter des Alphaspektrums einer Plutoniumprobe ohne Tracerzustand und ^{210}Po zum Vergleich

Peak Nr.	Nuklid	E_α/MeV	W/%	Z	HWB/keV	R_P
1	^{239}Pu	5,105	11,5	25167,303	27,48	1,89
2	^{240}Pu	5,123	26,5	24859,260	21,18	0,81
3	^{239}Pu	5,143	15,1	19870,537	12,50	1,14
4	^{239}Pu	5,155	73,3	154314,516	28,38	1,82
	^{240}Pu	5,168	73,4			
5	^{238}Pu	5,456	28,3	35585,336	16,85	1,09
6	^{238}Pu	5,499	71,6	82738,531	16,85	1,00
	^{210}Po	5,304		77624,305	10,24	–

Energieauflösung genutzt. Dieser Si(Li) Driftdetektor (VEB Vakutronik) in Planargeometrie mit dünnem Eintrittsstrahlungsfenster besaß die folgenden Parameter:

Flächenmasse: 100 µg · cm⁻² Au; Dicke des wirksamen Volumens: 2 mm; empfohlene Betriebsspannung: +200 V; Sperrstrom: 3,5 µA; Fläche des Detektors: 177 mm²; seine Energieauflösung: 25 keV.

Zur Spektrometrie wurde ein 2k-Konverter und 4k-Speicher des ZfK Rossendorf genutzt.

In den Abb. 3 und 4 sind für die Detektoren I und II Alphaspektren der abgetrennten ungespikten Plutonium-Probe dargestellt. Das mit Detektor I gemessene Alphaspektrum zeigt, entsprechend dem hohen Auflösungsvermögen dieses Detektors eine stärkere Strukturierung.

3.3. *Auswerteverfahren*

Wir verwendeten zwei verschiedene Auswerteverfahren für die erhaltenen Alphaspektren:

Verfahren I: Addition der Peakfläche mit halblogarithm. Untergrundkorrektur. Die Auswertung dieser Spektren erfolgte durch Addition der Zähler von 30 Kanälen, entsprechend 90 keV pro Peak. In solchen Fällen, wo durch eine Trennung mit einem kleineren Abreicherungsgrad als 1:1000 für das Uran vom Plutonium infolge Selbstabsorption ein Teil des Untergrundes zwischen zwei Peaks zum Peakinhalt des ersten Peaks beiträgt, subtrahierten wir diesen Anteil, indem wir den Abfall der niederenergetischen Peakflanke auf halblorarithmisches Millimeterpapier auftrugen und die erhaltene Gerade bis unter die benachbarten Peaks extrapolierten. Dieser Anteil lag zwischen 0,5 und 2%.

Verfahren II: Anwendung des Rechenprogramms ORION. Für die rechnerische Auswertung der Spektren wurde ein Verfahren zum selbstkonsistenten Spektrenfit [10] verwendet. Als Basisfunktion diente eine *Gauß*funktion, die von einer zweiten *Gauß*funktion mit großer Halbwertsbreite überlagert ist, um das Tailing im vorderen Peakteil wiederzugeben. Durch die Approximation dieser Spektren mit der Basisfunktion wurden die Lage, die Halbwertsbreite und die Intensität der Peaks im Spektrum bestimmt.

In Tab. 3 sind die Ergebnisse der Auswertung von Alphaspektren abgetrennter Plutoniumproben mit dem Programm ORION zusammengefaßt. In den Abb. 5, 6 und 7 sind die Alphaspektren einer abgetrennten Plutoniumprobe ohne Tracerzugabe sowie einer Poloniumprobe dargestellt. Sie illustrieren, daß das angewendete Rechenprogramm die gemessenen Spektren so auswertet, daß die Vorderflanke des Peaks zu steil abfällt und nicht genügend Untergrund bei Linien wenige keV vor den Peaks subtrahiert. Deshalb fallen die Linien Nr. 5, 3, 2 und 1 zu hoch aus.

3.4. *Ergebnisse*

Es wurde eine Lösung von bestrahltem Kernbrennstoff untersucht, dessen Abbrand 1,37% fima bei einer Ausgangsanreicherung von 2% ^{235}U betrug. Die Lösung enthielt 0,72 mg U · g⁻¹.

Die erhaltenen spezifischen Aktivitäten betragen:

17,75 · 10³ Bq · mg⁻¹ für $^{239+240}Pu$ (Tab. 4)

10,30 · 10³ Bq · mg⁻¹ U für ^{238}Pu (Tab. 2)

Aus den Peaks Nr. 2 und 4 – Tab. 3 – erhält man für die Isotope ^{239}Pu und ^{240}Pu:

9,83 · 10³ Bq · mg⁻¹ U für ^{239}Pu und
7,92 · 10³ Bq · mg⁻¹ U für ^{240}Pu.

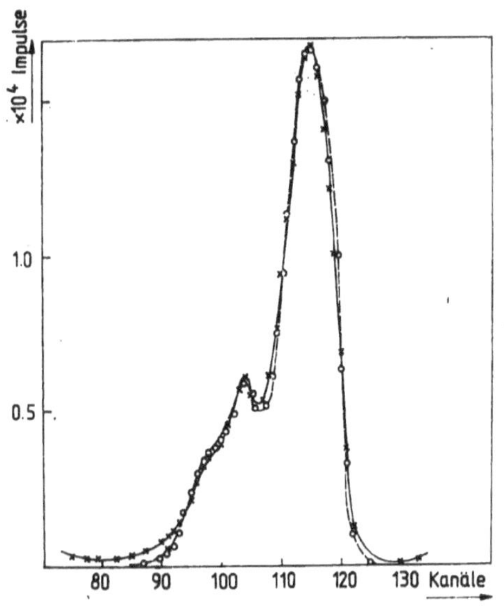

Abb. 5. Anwendung des Rechenprogramms ORION bei der Spektrenauswertung (Pu-Alphaspektrum 1. Teil)

○ – ermitteltes Spektrum; × – gegebenes Spektrum; Eichung: 3,07 keV/Kanal

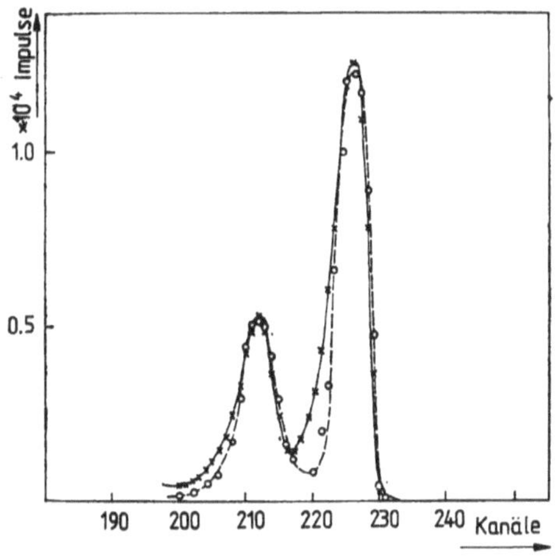

Abb. 6. Anwendung des Rechenprogramms ORION bei der Spektrenauswertung (Pu-Alphaspektrum 2. Teil)

○ – ermitteltes Spektrum; × – gegebenes Spektrum; Eichung: 3,07 keV/Kanal

Tab. 4. Ergebnisse der alphaspektrometrischen $^{239+240}Pu$-Aktivitätsbestimmung

Detektor	Auswertung	$A_{239+240}$/Bq · g^{-1}
Si(Li)	Addition	12,866 · 10³
ANOX	Addition	12,750 · 10³
ANOX	ORION	13,007 · 10³
Mittelwert		12,780 · 10³

Zur Bestimmung von ^{241}Pu wurden die Messungen nach 1 Jahr wiederholt.

Aus den gemessenen Verhältnissen der Peakflächen, die in Tab. 5 zusammengefaßt wurden, und unter Verwendung der Gleichungen (5) und (6) erhielten wir für ^{241}Pu eine spezifische Aktivität von 793,1 · 10³ Bq · mg^{-1} U zum Zeitpunkt der ersten Messung.

In Tab. 6 sind diesen Werten Angaben gegenübergestellt, die massenspektrometrisch bestimmt wurden [11].

Tab. 5. Nachbildung von ^{241}Am

Versuch Nr.	Tracer-zugabe	Z_2/Z_4	$Z_1 \cdot e^{-\lambda_{241Pu} \cdot t}$	$\frac{Z_2}{Z_4} - \frac{Z_1 e^{-\lambda_{241Pu} \cdot t}}{Z_3}$
3	0	0,6367	0,579	0,0577
		0,6310	0,577	0,0540
		0,6342	0,576	0,0582
		0,6310	0,571	0,0600
2	1	0,788	0,689	0,099
	1*)	1,406	1,330	0,076
1	2	2,630	2,543	0,087
		2,601	2,544	0,057
		2,601	2,507	0,094
		2,558	2,511	0,047
	Mittelwert	–	–	0,069
	Mittelwert Z_1/Z_3			0,5786

*) unvollständige Abtrennung von Americium

Tab. 6. Vergleich der alphaspektrometrisch bestimmten Isotopenverhältnisse mit den aus massenspektrometrischen Daten berechneten Werten

Nuklid	Häufigkeit/h	Auswertung	R_P berechnet	R_P gemessen
^{238}Pu	0,313	–	1	1
^{239}Pu	72,33	ORION	0,841	1,01
^{240}Pu	21,22	ORION	0,908	0,81
$^{239+240}Pu$	93,55	Addition	1,749	1,72
$^{239+240}Pu$	93,55	ORION	1,749	1,74
^{241}Pu	4,51	Addition	86,0	77,0
^{242}Pu	1,63	–	4,33 · 10^{-6}	–

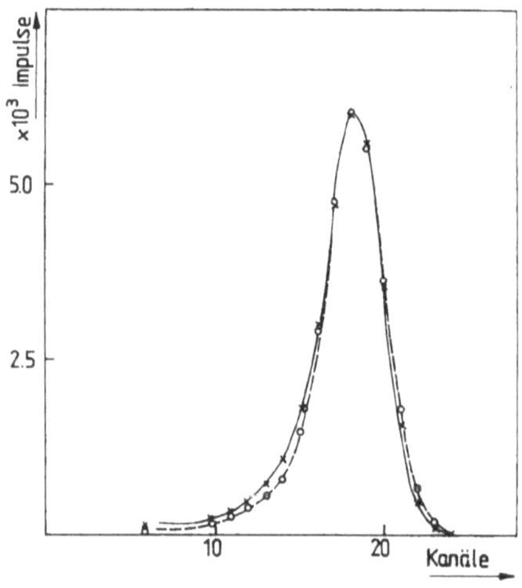

Abb. 7. Modellpeak ^{210}Po
Anwendung des Rechenprogramms ORION bei der Spektrenauswertung
○ – ermitteltes Spektrum; × – gegebenes Spektrum; Eichung: 3,07 keV/Kanal

4. Diskussion

Für die Bestimmung der ^{238}Pu- sowie der Summen-Alpha-aktivität ist die von uns angewendete Messung der Alpha-aktivität von dem Detektor ANOX und dem kommerziellen Si(Li) Detektor in Verbindung mit der Anwendung des Rechenprogrammes ORION oder auch der Additionsmethode der massenspektrometrischen Bestimmung, wegen der hohen spezifischen Aktivität des ^{238}Pu und der möglichen Störung der massenspektrometrischen Messung durch ^{238}U, überlegen.

Durch die gammaspektrometrische Messung der Plutoniumpräparate kann eine mögliche ^{241}Am-Verunreinigung der bei Bestimmung der ^{238}Pu-Aktivität berücksichtigt werden, was besonders bei Wiederholungsmessungen eine Rolle spielt, da in den abgetrennten Pu-Proben aus ^{241}Pu neues ^{241}Am mit einer Aktivität von 10% pro Jahr bezogen auf die ^{238}Pu-Aktivität nachgebildet wird.

Für die Ermittlung der $^{239+240}$Pu-Aktivität erhielten wir bei der Anwendung des Rechenprogramms ORION mit dem aus massenspektrometrischen Daten berechneten R_P Wert eine sehr gute Übereinstimmung.

Bei der alphaspektrometrischen Bestimmung des Verhältnisses von ^{239}Pu:^{240}Pu kann prinzipiell die Genauigkeit der Massenspektrometrie nicht erreicht werden.

In den Fällen, in denen kein Massenspektrometer zur Untersuchung von radioaktiven Proben zur Verfügung steht, müßte auch eine genauere alphaspektrometrische Bestimmung des Isotopenverhältnisses von ^{238}Pu:^{240}Pu bei weiterer Verbesserung des angewendeten Rechenprogramms, eventuell unter Einbeziehung empirischer Faktoren, möglich sein.

Die Bestimmung der ^{241}Pu-Aktivität, die sich aus der alphaspektrometrischen Differenzmessung ergibt, ist bei einer Nachbildungszeit von einem Jahr relativ ungenauer, als bei einer Wiederholung der Messung nach mehr als drei Jahren.

Diese Methode der ^{241}Pu-Aktivitätsbestimmung kann jedoch, genauso wie die getrennte ^{239}Pu- und ^{240}Pu-Bestimmung, keinesfalls in der Genauigkeit mit der Massenspektrometrie konkurrieren.

Aus der Bestimmung der Aktivität des $^{239+240}$Pu ergibt sich eine $^{239+240}$Pu-Menge in der untersuchten Kernbrennstofflösung von $m = 5{,}2346\ \mu g \cdot mg^{-1}$ U. Dieser Wert stimmt mit denjenigen, die in zwei weiteren Laboratorien gemessen wurden, überein [11]. Er entspricht außerdem dem aus der Literatur [1, 12] bei einem Abbrand von 1,37% fima und einem Anreicherungsgrad des Ausgangsbrennstoffs von 2% ^{235}Uran zu erwartendem $^{239+240}$Pu-Gehalt.

Eingegangen am 12. 10. 1983
Überarbeitete Fassung am 22. 11. 1983

Literatur

[1] *M. Taube*, Plutonium – A General Survey. Verlag Chemie, Weinheim 1974
[2] *L. Koch*, Atompraxis **15** (1969) 1
[3] *W. Westmeier, R. A. Esterlund*, "Alpha Energy Table". 1981 als Manuskript gedruckt, Inst. für Kernchemie, Marburg
[4] *U. Reus, W. Westmeier, J. Warnecke*, "Gamma Ray Catalog", GSI Report 79–2 (1979)
[5] *H. Bokelund*, J. Radioanal. Chem. **2** (1969) 191
[6] *M. Bresesti, F. Cappellani, G. Magni, G. Bestelli*, in *M. Bresesti*, "Burnup Determination of Nuclear Fuels", EUR 3123 (1969) S. 62
[7] *R. F. Mitchel*, Anal. Chem. **32** (1960) 326
[8] *H. Schieferdecker*, KFK 810 (1968)
[9] *J. von Borany, G. Mende, B. Schmidt*, Nucl. Instr. and Methods, im Druck
[10] *P. Urwank*, Nucl. Instr. and Methods **203** (1982) 329
[11] *F. Sus, E. Klosova, J. Krtil, J. Moravec*, „Auswertung der Ergebnisse SROK III", Rez.. Report Mai 1983
[12] *A. W. Stepanov, T. P. Makarova, A. A. Lipovski, G. A. Akopov, B. A. Bibitschev, A. W. Lovzus, S. A. Nikitina, L. D. Preobraschenskaja, B. N. Beljaev, M. W. Rischinski, A. M. Fridkin*, Radiochimia **24** (1982) 656

Isotopenpraxis **20** (1984) 11, S. 407 bis 412

Применение методов альфа- и гамма- спектрометрии для анализа содержания трансурановых нуклидов в топливе АЭС*)

А. Г. Зеленков, С. В. Пирожков, В. А. Пчелин, Ю. Ф. Родионов, З. М. Синютина, В. П. Тарасевич, Л. В. Чистяков, В. М. Шатинский, И. К. Швецов, В. С. Ширяев, В. М. Шубко, Ю. А. Яшин

(Институт Атомной Энергии им. И. В. Курчатова, Москва, СССР)

Описан комплекс радиохимических и ядерноспектрометрических методик определения состава трансурановых радионуклидов в выгоревшем топливе АЭС. Разработанные методики позволили определить в топливе ВВЭР-440 с глубной выгорания ∼ 33 кг/tU и ∼ 52 кг/tU содержание пятнадцати изотопов (от ^{237}Np *до* ^{246}Cm*).*

In nuclear fuel with a burn up of 33 kg/tU and 52 kg/tU 15 transuranium nuclides are determined from ^{237}Np *to* ^{246}Cm *by alpha and gamma spectroscopy after radiochemical separation.*

Keywords

alpha spectroscopy; americium; burn up; curium; destructive analysis; gamma spectroscopy; neptunium; plutonium; spent fuel elements

Описывается комплекс радиохимических, альфа- и гамма-спектрометрических методик, с помощью которых определяются уровень выгорания и изотопный состав трансурановых элементов в образцах отработавшего топлива АЭС. Для топлива ВВЭР-440 с глубиной выгорания 33 кг/tU и 52 кг/tU, измерено содержание ^{237}Np, ^{236}Pu, ^{238}Pu, ^{239}Pu, ^{240}Pu, ^{241}Pu, ^{242}Pu; ^{241}Am, ^{242}Am, ^{243}Am,; ^{242}Cm, ^{243}Cm, ^{244}Cm, ^{245}Cm и ^{246}Cm.

1. Введение

Экспериментальный анализ состава отработавшего ядерного горючего приобретает все большее значение в условиях дальнейшего развития атомной энергетики, развертывания производств по его переработке и рефабрикации. Получаемые при анализе данные о содержании в топливе тяжелых нуклидов используются для корректировки расчетов по накоплению трансурановых элементов в энергетических реакторах, для оптимизации топливного цикла в них, при решении задач о степени воздействия атомных предприятий на здоровье человека и окружающую среду, для целей гарантий и т. д.

При разрушающем способе анализа для определения содержания трансурановых радионуклидов в облученном топливе эффективно применяются методы радиохимии и ядерной спектрометрии. Сочетание указанных методов дает водможность определить концентрацию наибольшего числа тяжелых нуклидов в выгоревшем топливе АЭС.

2. Методы анализа и результаты измерений

2.1. *Определение содержания* ^{242}Cm *и* ^{244}Cm

Исследуемые образцы выгоревшего топлива из средней части твэла с массой около 8 граммов взвешивались с погрешностью 1 · 10^{-2}% и растворялись в азотной кислоте. Полученный раствор переносился в мерную колбу. Этот проградуированный по объему раствор в дальнейшем называется исходным раствором. Его удельная альфа-активность определялась с помощью газоразрядного счетчика [1]. С этой целью известные количества раствора наносились на полированные диски из нержавеющей стали и медленно высушивались под электролампой. Погрешность определения абсолютной альфа-активности не превышала 1%.

В спектре альфа-излучения (Рис. 1) аналогично изготовленных источников и измеренных на полупроводниковом спектрометре [2, 3] четко проявляются четыре группы альфа-частиц, которые обусловлены суммарным излучением ^{239}Pu и ^{240}Pu (E = 5,16 МэВ), суммарным излучением ^{238}Pu и ^{241}Am (E = 5,5 МэВ), а также излучением ^{244}Cm (E = 5,8 МэВ) и ^{242}Cm (E = 6,1 МэВ). Ввиду резкой зависимости выхода этих продуктов от глубины выгорания относительные интенсивности указанных линий в альфа-спектре позволяют оценить представительность проб и степень выгорания [4].

Сочетание измерений удельной альфа-активности исходного раствора и спектра его альфа-излучения позволяют определить содержание ^{244}Cm и ^{242}Cm на единицу массы анализируемого ядерного горючего, а также величины отношений интенсивности суммарных альфа-излучений ^{239}Pu + ^{240}Pu и ^{238}Pu + ^{241}Am к концентрации ^{244}Cm. Погрешность определения этих значений составляет около 2%.

Таким образом, измерение содержания ^{242}Cm и ^{244}Cm не требует химического выделения и очистки кюрия. Значения ядернофизических констант, которые мы использовали для идентификации изотопов в альфа- и гамма-спектрах и вычисления их содержания в анализируемом топливе, взяты из работ [7—11].

Для определения содержания других нуклидов из исходного раствора методами радиохимии извлекались нептуний, плутоний, америций и кюрий. При этом применялись разнообразные способы их выделения и

*) Доклад на Совещание по использованию ядерных методов анализа в аналитической химии. ГДР. Дрезден, с 11 до 15 апреля 1983г.

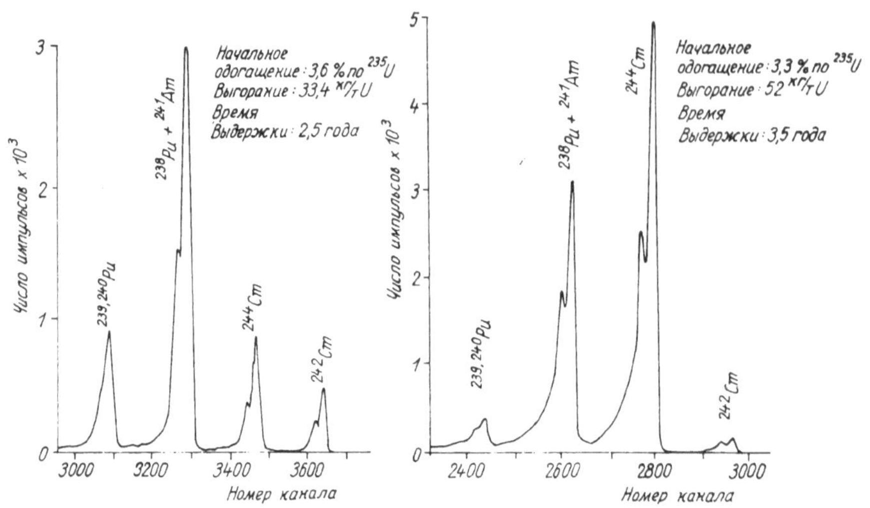

Рис. 1. Спектры альфа-излучения исходных растворов. Измерены на полупроводниковом спектрометре
Korrektur: Statt *одогащение* lies *обогащение*

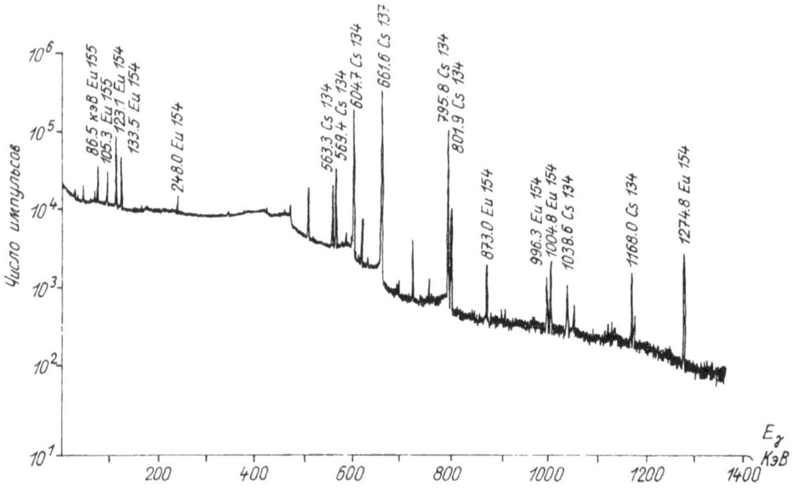

Рис. 2. Спектр гамма-излучения исходного раствора. Измерен с помощью германий-литиевого ППД

очистки с широким использованием ионообменных смол [5, 6]. Однако количественное выделение требовалось только при определении содержания нептуния-237. В измерениях содержания изотопов Pu, Am и Cm использовались результаты анализа альфа-спектра исходного раствора.

2.2. *Определение глубины выгорания топлива*

Степень выгорания исследуемых образцов топлива определялась по содержанию в нем цезия-137 путем измерения гамма-спектров аликвотных проб исходного раствора, содержащих несколько десятков мкг урана, с помощью Ge(Li) полупроводникового детектора. Пример такого спектра приведен на рис. 2. Абсолютная градуировка гамма-спектрометра осуществлялась путем применения эталонных источников из моноизотопного ^{137}Cs. Период полураспада ^{137}Cs принимался равным 30,2 года [9], выход при делении ^{235}U и ^{239}Pu—соответственно 6,24% и 6,65% [12]. Погрешность определения глубины выгорания топлива (с учетом относительного вклада в продукты деления урана и плутония) составляет около 3%.

2.3. *Определение содержания 237 нептуния*

Для количественного выделения нептуния из исходного раствора была разработана методика, обеспечивающая не менее чем 98% химический выход нептуния. Многократные определения количества нептуния в

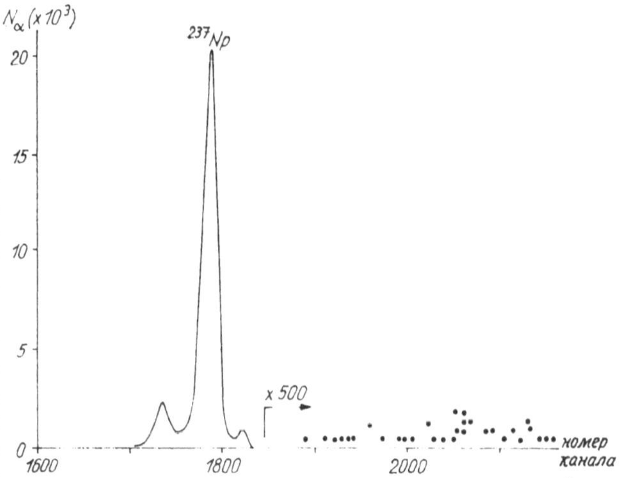

Рис. 3. Спектр альфа-излучения нептуния, измеренный на ППД

рабочих растворах показали, что дисперсия результатов анализов не превышает 1%. Количество выделенного нептуния определялось путем измерения интенсивности альфа-излучения аликвотных частей раствора, взвешенных на аналитических весах и нанесенных весовой пипеткой на полированные диски из титана. Альфа-активность приготовленных таким образом источников после высушивания и прокаливания измерялась на газоразрядном счетчике. Измерения спектра альфа-частиц выполнялись на полупроводниковом спектрометре. На рис. 3 представлен типичный спектр альфа-излучения одной из проб. Примеси изотопов плутония, америция и кюрия практически не обнаруживаются. Это отвечает глубокой (не менее 10^6 раз) очистке нептуния от этих элементов. Суммарная ошибка определения содержания ^{237}Np, обусловленная погрешностями отбора проб, определения химического выхода, коэффициента отражения альфа-частиц от поверхности подложки источника и периода полураспада, оценивается нами равной $\pm(3\div5\%)$.

2.4. *Измерения содержания изотопов плутония*

Анализ изотопного состава плутония осуществлялся методами полупроводниковой и магнитной альфа-спектрометрии. Химическая чистота исследуемого препарата контролировалась также путем измерения гамма-спектра плутониевой фракции. Альфа-источники из плутония изготовлялись термической возгонкой в вакууме хлорида этого элемента при температуре 1500 °C на подложке из стекла или слюды. Плотность активного вещества в таких ислочниках не превышала 10 мкг/см². Это обеспечивало проведение измерений альфа-спектров с разрешением около 20 кэВ на полупроводниковом и $5\div7$ кэВ — на магнитном (с позиционно-чувствительным ППД) спектрометрах [13 до 15]. Альфа-спектры, измеренные с их помощью представлены соответственно на рис. 4 и 5. Они были получены непосредственно после химического выделения плутония и сброса америция с тем, чтобы накопление америция-241 из процесса $^{241}\mathrm{Pu} \xrightarrow[14,4\,\mathrm{г}]{\beta^-} {}^{241}\mathrm{Am}$ не искажало результатов анализов. Погрешности

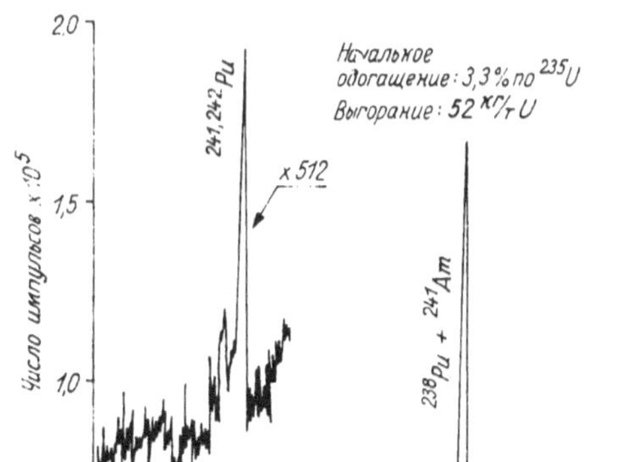

Рис. 4. Спектр альфа-излучения плутония. Измерен на ППД

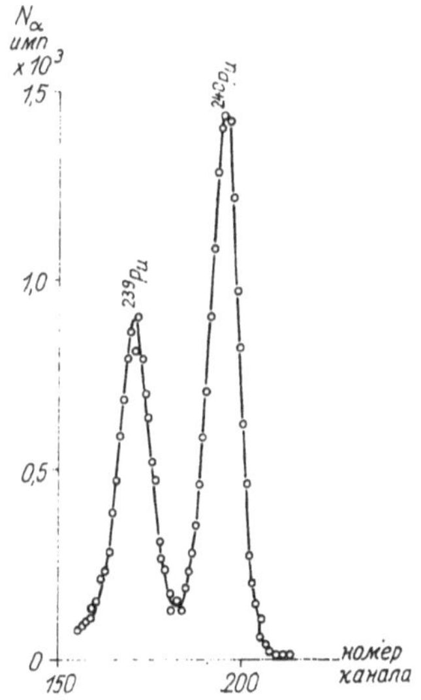

Рис. 5. Альфа-спектры плутония, измеренные на магнитном спектрометре с позиционно-чувствительным ППД в интервале энергий 5145 – 5180 кэВ

определения отношений интенсивностей альфа-излучения ^{239,240}Pu/^{238}Pu; ^{241,242}Pu/^{238}Pu и ^{236}Pu/^{238}Pu соответственно составляют <1%, $7\div10\%$ и $12\div8\%$ в зависимости от степени выгорания анализируемого топлива. Относительная интенсивность альфа-излучения ^{239}Pu и ^{240}Pu измеряется с погрешностью $3\div4\%$. Четко разделить основные альфа-линии ^{241}Pu и ^{242}Pu, энергетическое расстояние между которыми составляет $3\div5$ кэВ, не удается и на магнитном спектрометре. Поэтому содержание ^{241}Pu определялось нами по накоплению в плутониевом источнике дочернего продукта —^{241}Am. Эти измерения проводились с применением как магнитного альфа-спектрометра, так и ППД через несколько месяцев после химической очистки плутония.

Использование для этой цели магнитного спектрометра с позиционно-чувствительным полупроводниковым детектором позволяет выделить линию ^{241}Am с энергией 5485 кэВ (рис. 6). Погрешность измерения ее интенсивности в этом случае составляет около 5%.

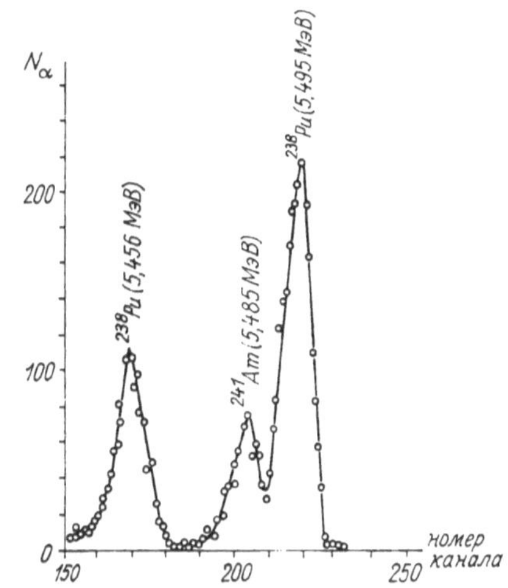

Рис. 6. Энергетический спектр альфа-частиц плутония. Америций-241 – накопившийся дочерний продукт плутония-241. Измерения выполнены на магнитном спектрометре с позиционно-чувствительным ППД

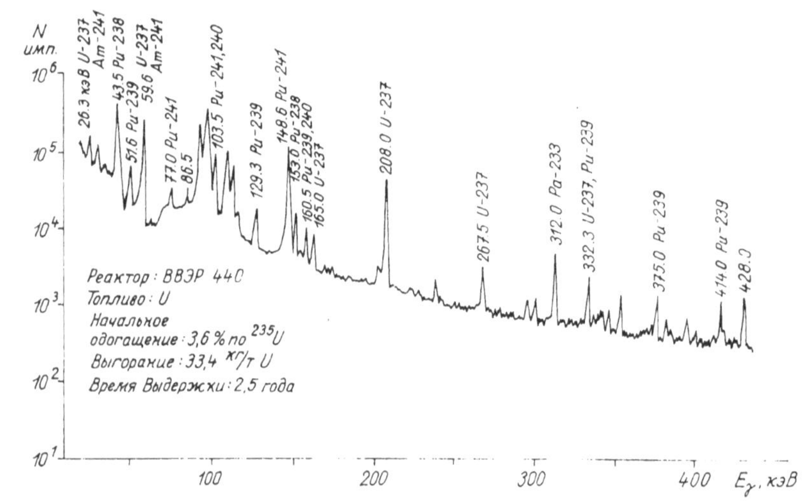

Рис. 7. Гамма-спектр плутония, ^{237}U и ^{241}Pu — накопившиеся продукты распада ^{241}Am
Korrektur: Statt *одогащение* lies *обогащение*

Более точно накопление ^{241}Am было определено путем тщательных измерений альфа-спектров плутониевых источников с помощью ППД — по увеличению площади пика суммарного излучения ^{238}Pu + ^{241}Am. В этом случае относительная интенсивность ^{241}Am определяется с погрешностью около 3%. Полученный результат позволяет расчитать вклад альфа-излучения ^{241}Pu в линию ^{241}Pu + ^{242}Pu и по разности определить интенсивность альфа-излучения ^{242}Pu. Точность в определении содержания этого нуклида существенно зависит от его относительного количества (глубины выгорания) и не превышает 8%.

На рис. 7 представлен гамма-спектр одного из исследуемых растворов плутония. На спектрограмме в диапазоне энергий от 20 до 430 кэВ наблюдается свыше 20 линий, сопровождающих распад изотопов плутония и их дочерних продуктов —^{241}Am и ^{237}U. Обработка подобных спектров показала, что содержание изотопов плутония определяется здесь с существенно большими ошибками по сравнению с альфа-спектрометрией.

Высокие значения погрешностей в определении ^{241}Pu и ^{242}Pu методами альфа- и гамма-спектрометрии обуславливаются большой величиной парциальных периодов полураспада и весьма малыми значениями квантовых выходов гамма-лучей.

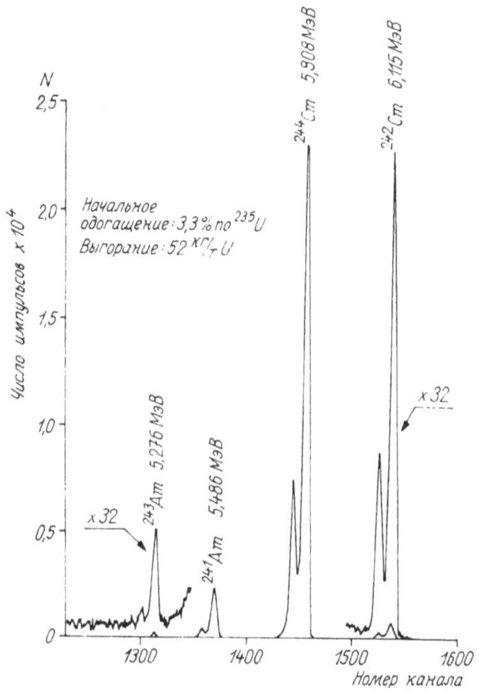

Рис. 8. Альфа-спектр америций — кюриевой фракции. Измерен на ППД
Korrektur: Statt *одогащение* lies *обогащение*

2.5. *Определение содержания изотопов америция*

Концентрация ^{241}Am определялась на основе данных, полученных в измерениях отношения интенсивностей альфа-излучениа ^{241}Am/^{244}Cm фракции, содержащей америций, кюрий и редкоземельные элементы (рис. 8). Содержание ^{241}Am в топливе на дату измерений определялось с погрешностью около 3%. Вместе с тем, погрешность определения содержания ^{241}Am на дату выгрузки из реактора резко возрастает (до 30÷50%) из-за необходимости вносить большую поправку на его накопление из ^{242}Pu.

Для определения содержания других изотопов америция производились его химическое выделение и очистка. Спектр альфа-излучения америция позволяет определить ^{242}Am с погрешностью 3÷10%. Причем точность определения будет выше для топлива с более высоким выгоранием. Этот же источник америция использовался для измерения содержания ^{242m}Am по накоплению дочернего ^{242}Cm. На рис. 9 приведен спектр одного из америциевых источников, измеренный через 120 дней после сброса кюрия. Практическое отсутствие в спектре ^{244}Cm позволяет судить о высокой степени химической очистки препарата от этого элемента. Погрешность в определении количества накопившегося ^{242}Cm составляет 1÷2%. Относительное содержание материнского ^{242m}Am с учетом погрешностей ядерно-физических констант определяется с ошибкой 2,5÷3%. Однако его абсолютное содержание в топливе определяется с 4÷10% погрешностью, которая обусловлена точностью измерения количества ^{241}Am.

2.6. *Измерение содержания изотопов кюрия*

О том как определяется количество ^{242}Cm и ^{244}Cm сообщалось выше (см. п. 2.1). Для измерения содержания

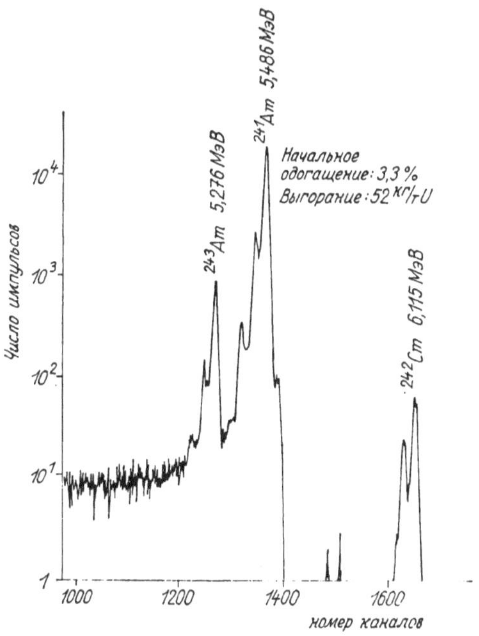

Рис. 9. Спектр альфа-излучения источника америция с накопившемся в нем ^{242}Cm – дочерним продуктом ^{242m}Am. Измерен на ППД
Korrektur: Statt *одогащение* lies *обогащение*

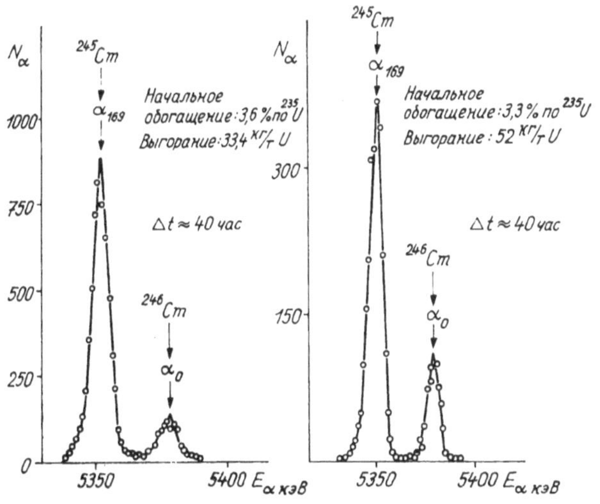

Рис. 12. Фрагменты альфа-спектров кюрия. Измерены на магнитном спектрографе

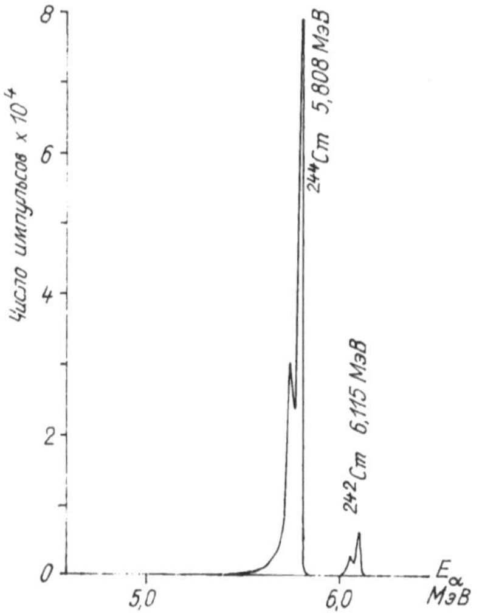

Рис. 10. Альфа-спектр кюрия. Измерен на ППД

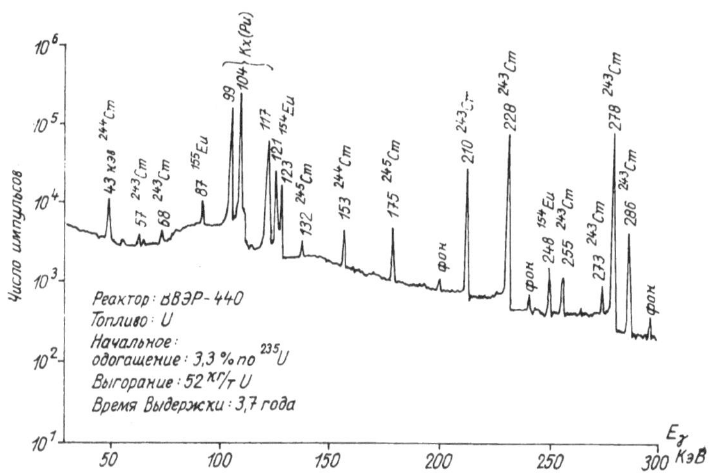

Рис. 11. Гамма-спектр кюриевой фракции
Korrektur: Statt *одогащение* lies *обогащение*

других изотопов кюрия (^{243}Cm, ^{245}Cm и ^{246}Cm) потребовались его радиохимическое выделение и очистка. Радиохимическая чистота препарата кюрия проверялась с помощью полупроводниковых альфа- и гамма-спектрометров. Соответствующие спектрограммы приведены на рис. 10 и 11.

Из гамма-спектра, в котором отчетливо проявляются линии ^{244}Cm, ^{243}Cm и ^{245}Cm, можно определить содержание двух последних, опираясь на известное содержание ^{244}Cm в топливе. Наш опыт показывает однако, что количественные результаты, полученные только из гамма-спектра позволяют получить их содержание с точностью не выше 15% даже при довольно высоком (30 кг/tU) выгорании. Это объясняется относительно малыми квантовыми выходами гамма-лучей ^{244}Cm. Более точно концентрация ^{243}Cm определяется путем сочетания результатов, полученных тремя способами: измерением на газоразрядном счетчике абсолютной суммарной альфа-активности источника кюрия, определением из гамма-спектра того же источника абсолютной альфа-активности ^{243}Cm и измерением вклада ^{244}Cm в альфа-спектре. Таким способом содержание ^{243}Cm и ^{245}Cm измеряется с погрешностью не хуже 10%. Вместе с тем точность количественного определения ^{245}Cm повышается (до $5 \div 8$%), если измерить табл. 1.

№	Нуклид	Содержание нуклида в 1 т урана на дату выгрузки из реактора ВВЭР-440	
		Начальное обогащение —3,6%. Выгорание (33,4 ± 1,2) кг/tU	Начальное обогащение —3,3%. Выгорание (52 ± 3) кг/tU
1.	^{237}Np	(445 ± 13) г	(707 ± 35) г
2.	^{236}Pu	(1,6 ± 0,2) × 10^{-3} г	(3,52 ± 0,26) × 10^{-3} г
3.	^{238}Pu	(137 ± 6) г	(462 ± 6) г
4.	^{239}Pu	(5,37 ± 0,17) кг	(5,7 ± 0,3) кг
5.	^{240}Pu	(2,17 ± 0,07) кг	(3,1 ± 0,2) кг
6.	^{241}Pu	(1,06 ± 0,06) кг	(1,8 ± 0,3) кг
7.	^{242}Pu	(0,43 ± 0,04) кг	(1,63 ± 0,35) кг
8.	^{241}Am	(41 ± 15) г	(87 ± 43) г
9.	^{242m}Am	(0,64 ± 0,06) г	(1,52 ± 0,06) г
10.	^{243}Am	(49 ± 5) г	(311 ± 9) г
11.	^{242}Cm	(13,6 ± 0,3) г	(37,7 ± 0,9) г
12.	^{243}Cm	(0,31 ± 0,03) г	(0,99 ± 0,05) г
13.	^{244}Cm	(19,7 ± 0,4) г	(188 ± 2) г
14.	^{245}Cm	(1,04 ± 0,05) г	(13 ± 1) г
15.	^{245}Cm	(6,9 ± 0,6) × 10^{-2} г	(2 ± 0,2) г

альфа-спектр на магнитном спектрографе. Этим методом измеряется также и содержание ^{246}Cm (рис. 12).

Заключение

Описанный комплекс радиохимических и альфа- и гамма-спектрометрических методик был применен к анализу состава выгоревшего топлива реактора типа ВВЭР-440. Результаты определения содержания трансурановых нуклидов в отработавшем топливе с относительно высоким выгоранием приведены в табл. 1. Нам удалось определить в общей сложности концентрацию пятнадцати изотопов Np, Pu, Am и Cm. Содержание ряда нуклидов (^{237}Np, ^{238}Pu, ^{239}Pu, ^{240}Pu, ^{242m}Am, ^{243}Am, ^{242}Cm ^{244}Cm) определено с приемлемой-для практических целей точностью (2÷5%). Однако слишком велики погрешности определения содержания ^{241}Pu, ^{242}Pu и ^{241}Am.

Поступила в редакцию 1/VII, 1983г.

Литература

[1] *Р. М. Полевой, В. А. Пчелин*, Приборы и техника эксперимента №. 1 (1961) 82

[2] *Ю. С. Максимов, Ю. Ф. Родионов, Ю. П. Явлинский*, Приборы и техника эксперимента № 2 (1966) 55

[3] „ППД ионизирующих излучений". Каталог, М. В/О „Изотоп" 1974

[4] *А. Г. Зеленков, С. В. Пирожков, Ю. Ф. Родионов, П. К. Швецов*, Атомная Энергия **49** (1980) 86

[5] *R. P. Larsen, R. D. Oldham*, Talanta **22** (1975) 577

[6] *J. K. Brody, J. P. Faris, R. F. Buchanan*, Anal. Chem **30** (1958) 1909

[7] *A. Lorenz*, INDC (NDS) – 108/N. Vienna. IAEA (1979); INDC (NDS) – 121/NE. Ibidem (1980)

[8] *С. А. Баранов, А. Г. Зеленков, В. М. Кулаков*, Transactinium Isotope Nuclear Data (TND). Vienna 1976, 249. IAEA, vol. III, 186

[9] *C. M. Lederer, V. S. Shirley*, Table of Isotopes, Seventh Edition. N. Y. J. Wiley and sons (1978)

[10] *А. Г. Зеленков, В. А. Пчелин, Ю. Ф. Родионов, Л. В. Чистяков, В. М. Шубко*, Атомная энергия **47** (1979) 405

[11] *J. K. Dickens, McConnell*, Phys. Rev. **C22** (1980) 1344

[12] *J. G. Cuninghame*, Fission Product Nuclear Data (FPND). Vienna. IAEA, 213, v. 1 (1978) 351

[13] *С. А. Баранов, А. Г. Зеленков, Г. Я. Щенкин*, и др., Атомная Энергия **7** (1959) 262

[14] *Ю. Ф. Родионов, В. М. Шатинский, Б. А. Никитин*, Вопросы атомной науки и техники. Серия „Ядерная физика низких и средних энергий, реакторная физика" вып. 4 (1975) 9

[15] *Ю. Ф. Родионов, В. М. Шатинский, А. Г. Зеленков*, Isotopenpraxis **12** (1976) 271

Isotopenpraxis **20** (1984) 11, S. 412

Buchbesprechung

Environmental Isotope Data
No. 7: World Survey of Isotope Concentration in Precipitation (1976–1979)

Vienna: IAEA 1983. 241 S. (Technical Reports Series No. 226) STI/Doc/10/226; kart. ÖS 500.–

Mit der gewohnten Zuverlässigkeit erschien nunmehr der 7. Datenband über die Umweltisotopenkonzentrationen in den Niederschlägen der Jahre 1976–1979. Einige Neuerungen im Vergleich zu den 6 Vorgängern sind vorgenommen worden. So ist die neue T-Halbwertszeit von 12,43 a konsequent verwendet worden, die sich auch in geringen Unterschieden der Aktivitätsgehaltsangaben ausdrückt: 1 TU ≙ bisher 7,2 Umwandlungen/min oder 120 mBq/l und jetzt 1 TU ≙ 7,1 Umwandlungen/min oder 118 mBq/l.

Der Umfang hat sich von 187 (Nr. 6/1979) auf 241 Seiten erhöht. Dies ist auf eine bemerkenswerte Erweiterung der Meßstationen zurückzuführen. Die Meßstationen in der BRD wurden um 14 erweitert, ferner wurde Berlin(West) mit aufgenommen. Die DDR ist mit 2 Stationen neu vertreten: Leipzig (Zentralinstitut für Isotopen- und Strahlenforschung) und Freiberg (Bergakademie). Stark erweitert ist auch das Meßnetz Kanadas (7 neue Stationen) und der Schweiz (4 neue Stationen). Einige Stationen sind dafür auch weggefallen (z. B. 4 Stationen in Chile und 2 in Brasilien). Die neuen Meßlaboratorien für Tritium sind das „Ruder Boskovic" Institut in Zagreb, das Institut für Isotope der Ungarischen Akademie der Wissenschaften in Budapest, das Institut für Radiohydrometrie in Neuherberg bei München, die Bergakademie Freiberg und die Universität in Waterloo/Kanada; neu aufgenommene Meßlaboratorien für die stabilen Isotope D und ^{18}O sind das Institut für Radiohydrometrie in Neuherberg bei München, das Zentralinstitut für Isotopen- und Strahlenforschung in Leipzig und die Universität in Waterloo/Kanada.

Auch dieser Teilband der Fortsetzungsreihe verspricht, seinen Interessentenkreis zu finden: Es sind insbesondere die Isotopenhydrologen bzw. Isotopenhydrogeologen und auch eine Zielgruppe, die man vielleicht am besten als Isotopenmeteorologen bezeichnen könnte, Wissenschaftler, die vom meteorologischen Gesichtspunkt aus nach Gesetzmäßigkeiten und Konsequenzen der isotopen Verteilung in den Niederschlägen Ausschau halten. *H. Hübner*

Isotopenpraxis 20 (1984) 11, S. 413 bis 415

Zum Verhalten von Durchfluß-Ionisationskammern für die Neutronendosimetrie bei ihrem Einsatz in Gammastrahlungsfeldern

O. Hecker

(Amt für Standardisierung, Meßwesen und Warenprüfung (ASMW), Bereich Meßwesen, Fachabteilung Ionisierende Strahlung)[1])

Es wird das Verhalten von kugelförmigen Durchfluß-Ionisationskammern unterschiedlicher Meßvolumina aus Graphit, Polyethylen und gewebeäquivalentem Stoff in ^{60}Co-Strahlungsfeldern untersucht. In Abhängigkeit vom gewählten Kammerinnendurck erhält man konstante Werte für den Ionisationsstrom, sofern der Überdruck in den Kammern gegenüber der Außenluft ca. 0,5 kPa überschreitet. Weiterhin ergab sich aus Messungen mit verschiedenen Durchflußgasen, daß die Kammern gut den Bragg-Gray-Bedingungen genügen.

The behaviour of spherical flow ionization chambers having various graphite, polyethylene or tissue-equivalent-matter measuring volumes is studied in gamma-radiation fields. Dependent on the chosen internal pressure in the chambers, constant values are obtained for the ionization current, if the pressure inside the chambers exceed appr. 0·5 kPa. Measurement with various flow gases showed that the chambers are in good correspondence with the Bragg-Gray relation

Keywords

calibration; dosimetry; gamma radiation; measuring methods; neutron beams; neutron dosimetry

1. Einleitung

Zur Darstellung der Einheit der Energiedosis bzw. der Kerma schneller Neutronen wurden in letzter Zeit im ASMW nach dem Prinzip der Doppelionisationskammern [1, 2] zwei Sätze von kugelförmigen Ionisationskammern aufgebaut, die für Messungen in gemischten Gamma-Neutronen-Feldern geeignet sind [3]. Derartige Kammern gelten heute nach Auffassung vieler Autoren (s. z. B. [4]) als genauestes Meßgerät für die Neutronendosimetrie.

Jeder Satz umfaßt zwei gamma- und neutronenempfindliche Kammern (aus gewebeäquivalentem Material A-150 bzw. Polyethylen) sowie eine im wesentlichen nur gammaempfindliche Kammer aus Reinstgraphit. Die beiden Sätze unterscheiden sich nur durch ihre Meßvolumina. Für höhere Dosisleistungen wurden Kammern mit einem Volumen von 10 cm³ aufgebaut und für den Strahlenschutz solche mit einem Volumen von 1000 cm³. Die Kammern stellen sogenannte „homogene" Systeme dar, d.h., sie arbeiten mit den entsprechenden wandäquivalenten Durchflußgasen. Für die gewebeqäuivalente Kammer wird ein gewebeäquivalentes Gasgemisch auf Methanbasis (Nominalzusammensetzung: 64,4% Methan, 32,4% Kohlendioxid, 3,2% Stickstoff) verwendet, für die Polyethylenkammer Ethylen und für die Graphitkammer Kohlendioxid. Zur Bestimmung der erforderlichen Korrektionsfaktoren gehören zu jeder Kammer Wandverstärkungskappen und eine Stielattrappe.

Vor ihrem Einsatz für die Neutronendosimetrie erweist es sich nun als zweckmäßig, die Kammern — in Verbindung mit der Gasdurchflußapparatur — ausführlich in Gammastrahlungsfeldern zu untersuchen. Geeignete ^{60}Co-Strahlungsfelder stehen dazu im ASMW zur Verfügung.

2. Die Gasdurchflußapparatur

Entsprechend den Hinweisen aus der Literatur wurde von vornherein auf einen Gasdurchflußbetrieb der Kammern orientiert. Hermetische Kammern besitzen nämlich auch bei sorgfältigstem Aufbau eine gewisse Leckrate, wodurch sich ihre Empfindlichkeit ständig ändert. Zudem sind Durchflußionisationskammern einfacher in ihrem Aufbau, da an die Dichtheit des Meßvolumens gegenüber der Außenluft vergleichsweise nur geringe Anforderungen gestellt werden. Abb. 1 zeigt den prinzipiellen Aufbau des Durchflußsystems. Aus einer Druckflasche 1 gelangt das Gas über ein Reduzier- und Nadelventil 2 in einen Trokkenturm 3, in dem es zusätzlich durch ein Filter noch gereinigt wird. Außerdem ist das Volumen des Trockenturmes so groß gewählt, daß sich die Gastemperatur der Umgebungstemperatur anpassen kann. Die offenen U-Rohr-Manometer 5 und 6 gestatten die Bestimmung des Gasdruckes in der Kammer. Den Abschluß des Systems bildet eine Blasenflasche 7, die eine Vorwahl des Überdruckes gestattet und zugleich eine gewisse selbständige Regelung des Gasdruckes ermöglicht. Das Gefäß 4 dient zur Sicherung des Systems bei plötzlichem Druckanstieg. Als Schlauchverbindungen werden nur PVC-Schläuche benutzt, so daß Störeinflüsse, wie sie andere Autoren beobachtet haben [5], vermieden werden konnten.

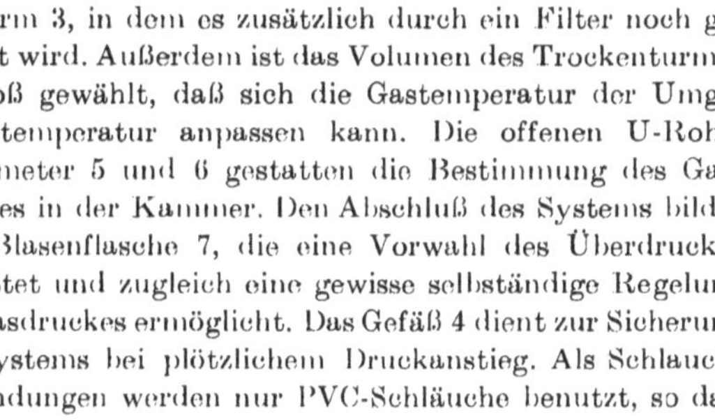

Abb. 1. Schematische Darstellung der Gasdurchflußapparatur

3. Erprobung der Ionisationskammern mit Gammastrahlung

Zunächst war zu untersuchen, ob der Ionisationsstrom (jeweils bezogen auf 0 °C und 101,3 kPa) unabhängig ist vom gewählten Kammerinnendruck. Ein solches Verhalten ist zu erwarten, sofern dieser Druck den normalen atmo-

[1]) Anschrift: DDR-1162 Berlin, Fürstenwalder Damm 388

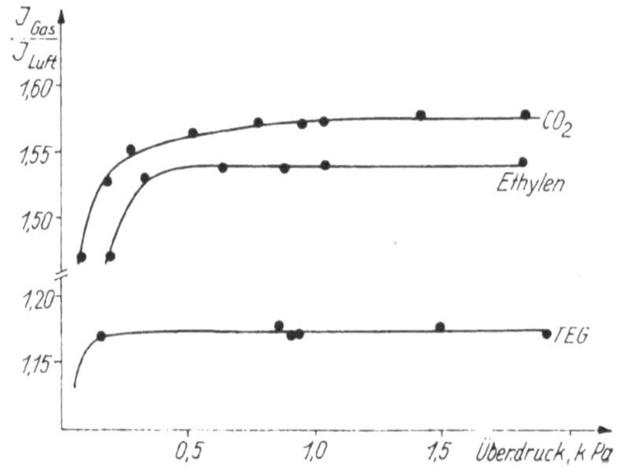

Abb. 2. Ionisationsstrom in einer 10-cm³-Graphitkammer für verschiedene Kammergase, bezogen auf Luft, in Abhängigkeit vom Überdruck in der Kammer

sphärischen Druck nicht beträchtlich überschreitet [6]. Die Untersuchungen erfolgten mit allen zur Verfügung stehenden Durchflußgasen. Abb. 2 zeigt als Beispiel das Verhalten der 10-cm³-Graphitkammer. Die Meßwerte sind jeweils auf den Meßwert für Luft bezogen. Die Darstellung läßt erkennen, daß offenbar erst oberhalb eines gewissen Überdruckes in der Kammer (ca. 0,5 kPa bzw. 1,5 kPa für Kohlendioxid) konstante Stromwerte erhalten werden und damit ein stabiles und reproduzierbares Meßregime möglich ist. Dieses Verhalten der Ionisationskammern läßt sich auf die Porosität des Wandmaterials zurückführen. Trotz hinreichend langer Spülung mit den einzelnen Gasen ist bei geringen Überdrücken ein Einfluß der Außenluft nicht vermeidbar. Besonders kritisch ist das für Kohlendioxid. Dagegen war unter den gegebenen experimentellen Bedingungen eine Abhängigkeit des Stromes von der Gasdurchflußmenge nicht zu beobachten. Wesentlich günstiger waren die meßtechnischen Eigenschaften der Polyethylenkammern und der gewebeäquivalenten Kammern. Da diese Wandmaterialien kaum porös sind, erhält man hier bereits oberhalb von ca. 0,1 kPa ein ausgeprägtes Plateau. Dieses hier festgestellte Verhalten der Durchflußionisationskammern deckt sich grundsätzlich mit den Feststellungen anderer Autoren (s. z.B. [7]). Weiterhin wurde untersucht, inwieweit die Kammern für ^{60}Co-Strahlung der *Bragg-Gray*-Theorie genügen. Die *Bragg-Gray*-Gleichung stellt bekanntlich eine Beziehung her zwischen der Energiedosis D in einem Medium (bzw. in der Wand einer Ionisationskammer) und der Ionisation in einem hinreichend kleinen Gashohlraum, der an diesen Punkt im Medium gebracht wird. Es gilt:

$$D = \frac{(s/\varrho)_W}{(s/\varrho)_G} \cdot \left(\frac{W}{e}\right)_G \cdot \frac{Q_G}{\varrho_G \cdot V} \qquad (1)$$

Dabei ist:

- Q_G: im Hohlraum erzeugte Ladung
- $(s/\varrho)_W$, $(s/\varrho)_G$: relatives, auf das Kammergas G bezogene Massenstoßbremsvermögen des Kammerwandmaterials W
- $(W/e)_G$: auf die Elementarladung e bezogener Wert des mittleren Energieaufwandes zur Bildung eines Ionenpaares im Kammergas
- V: Hohlraumvolumen
- ϱ_G: Gasdichte

Leitet man nacheinander mehrere Gase durch eine Ionisationskammer, so ergibt sich aus (1) für das Verhältnis der Ionisationsströme I bei Verwendung der Gase x und y:

$$\frac{I_x}{I_y} = \frac{\varrho_x}{\varrho_y} \cdot \frac{W_y}{W_x} \cdot \frac{(s/\varrho)_x}{(s/\varrho)_y} \qquad (2)$$

Ebenso kann man diejenigen Ströme miteinander vergleichen, die sich ergeben, wenn man ein Gas durch 2 verschiedene Kammern M und N hindurchleitet. Man erhält:

$$\frac{I_N}{I_M} = \frac{(s/\varrho)_M}{(s/\varrho)_N} \cdot \frac{(\mu_{en}/\varrho)_N}{(\mu_{en}/\varrho)_M} \cdot \frac{V_N}{V_M} \qquad (3)$$

μ_{en}/ϱ sind dabei die Massenenergieabsorptionskoeffizienten für die Wandmaterialien der Kammern N bzw. M, V_N und V_M sind die Kammervolumina. Bezüglich einiger Einzelheiten bei der Herleitung dieser Gleichungen wird auf die Arbeit von *Attix* u. a. [8] verwiesen. Es sei bemerkt, daß Gl. (2) unabhängig vom Kammermaterial und Gl. (3) unabhängig vom Durchflußgas ist.

In die Gleichungen (2) und (3) gehen Konstanten ein, die für ^{60}Co-Strahlung recht gut bekannt sind. Die W-Werte findet man im ICRU-Report 31 [9] und die Massenenergieabsorptionskoeffizienten bei *Hubbell* [10]. Die Werte für die Bremsvermögen wurden den Tabellen von *Berger* und *Seltzer* entnommen [11]. Dabei wurde als mittlere Energie des resultierenden Elektronenspektrums ein Wert von 300 keV angesetzt. Die Wahl dieses Wertes ist jedoch nicht allzu kritisch. Die Gasdichte des gewebeäquivalenten Gasgemisches ist im ICRU-Report 26 [12] angegeben. Die Kammervolumina werden gravimetrisch bestimmt. In Tab. 1 und 2 sind alle Werte zusammengestellt. Die Gasdichten gelten für 0 °C und 101,3 kPa.

In Tab. 3 und 4 sind die experimentell bestimmten Stromverhältnisse I_x/I_{Luft} zusammengestellt, die man erhält, wenn man nacheinander verschiedene Gase durch dieselbe Kammer leitet. In der letzten Spalte findet man

Tab. 1. Konstanten für die Kammergase

Gas	s/ϱ MeV cm² g⁻¹	W eV	ϱ 10^{-3} g cm⁻³
Luft	2,081	33,85	1,2928
Ethylen	2,513	25,8	1,2604
TEG*)	2,382	29,2	1,1419
CO_2	2,087	32,9	1,9768

*) TEG: gewebeäquivalentes Gasgemisch

Tab. 2. Konstanten für die Wandmaterialien

Wand-material	s/ϱ MeV · cm² g⁻¹	μ_{en}/ϱ cm² g⁻¹	Volumen, cm³ 10 cm³-K	1000 cm³-K
Graphit	2,097	0,0267	10,52	1039
Polyethylen (PE)	2,513	0,0305	10,05	946
A-150 (TEM)	2,369	0,0293	9,96	982

Tab. 3. Stromverhältnisse I_X/I_{Luft} für die 1000-cm³-Kammern

Gas	Graphit-K.	TEM-K.	Polyethylen-K.	theoret. (Gl. 1)
CO_2	1,565	1,572	1,573	1,577
Ethylen	1,520	5,122	1,527	1,545
TEG	1,170	1,166	1,169	1,172

Tab. 4. Stromverhältnisse I_X/I_{Luft} für die 10-cm³-Kammern

Gas	Graphit-K.	TEM.-K.	Polyethylen-K.	theoret. (Gl. 1)
CO_2	1,576	1,566	1,572	1,577
Ethylen	1,540	1,541	1,538	1,545
TEG	1,175	1,170	1,174	1,172

Tab. 5. Stromverhältnisse I_N/I_M für die möglichen Kammerpaarungen, 1000-cm³-Kammern

Kammerpaar	Ethylen	TEG	CO_2	Luft	theoret. (Gl. 2)
TEM/C	0,927	0,929	0,932	0,928	0,918
TEM/PE	1,037	1,038	1,038	1,040	1,058
PE/C	0,897	0,895	0,898	0,892	0,867

Tab. 6. Stromverhältnisse I_N/I_M für die möglichen Kammerpaarungen, 10-cm³-Kammern

Kammerpaar	Ethylen	TEG	CO_2	Luft	theoret. (Gl. 2)
TEM/C	0,929	0,927	0,926	0,933	0,920
TEM/PE	0,987	0,983	0,984	0,987	1,010
PE/C	0,941	0,943	0,941	0,946	0,911

zum Vergleich den nach Gl. (2) bestimmten Wert. Tab. 5 und 6 enthalten die experimentell bestimmten Stromverhältnisse I_N/I_M für alle möglichen Kammerpaarungen, wenn man entsprechend Gl. (3) ein Gas durch 2 verschiedene Kammern N und M leitet. Die letzte Spalte gibt zum Vergleich wieder den theoretischen Wert an.

4. Ergebnisse

Die durchgeführten Untersuchungen zeigen, daß die Ionisationskammern in Verbindung mit der Durchflußapparatur für Messungen im Gasdurchflußbetrieb geeignet sind. Für geringe Überdrucke in der Kammer ist bei allen Kammern ein Einfluß der Außenluft festzustellen, was für die Graphitkammern bei Verwendung von Kohlendioxid besonders ausgeprägt ist. Es empfiehlt sich daher, bei nicht allzu niedrigen Überdrücken zu arbeiten. Dagegen ist der Kammerstrom in der hier vorgestellten experimentellen Anordnung unabhängig von der Durchflußmenge des Gases.

Weiterhin konnte festgestellt werden, daß die Kammern für ^{60}Co-Strahlung recht gut den *Bragg-Gray*-Bedingungen genügen. Wie Tab. 3 bis 6 zeigen, stimmen die experimentellen Werte — unabhängig von der Kammergröße — gut mit den theoretischen überein. Eine signifikante Abweichung von 2 bis 3% zeigen Tab. 5 und 6 lediglich bei den Kammerpaarungen mit den Polyethylenkammern. Die Ursache dafür konnte noch nicht vollständig geklärt werden. Bei diesen Kammern ist die Innenwand mit einer dünnen Aluminium-Schicht bedampft, was in den Massenbremsvermögenswerten der Tab. 2 nicht berücksichtigt ist. Allerdings ist auch damit die aufgetretene Abweichung nicht voll erklärbar.

Eingegangen am 7. 12. 1983

Literatur

[1] *H. H. Rossi, G. Failla*, Nucleonics **1956**, 32
[2] *K. Regel*, in: Grundlagen der Neutronentherapie, Ed. *A. Graffi, Th. Matthes, E. Magdon*, Berlin: Akademie-Verlag 1975
[3] *O. Hecker*: Vortrag auf der 14. Winterschule „Strahlenschutzphysik" der TU Dresden, Gaußig, März 1982
[4] *A. Rubach, H. Bichsel*, Phys. Med. Biol. **27** (1982) 893
[5] *J. R. Williams*, Phys. Med. Biol. **25** (1980) 501
[6] *J. Zoetelief, A. C. Engels, C. J. Bouts, L. A. Hennen, J. J. Broerse*, 4. Symp. Neutronendosimetrie, Neuherberg, Vol. II, 1981, 315, EUR-7448
[7] *D. W. Pearson, F. H. Attix, P. M. De Luca, S. J. Goetsch, R. P. Torti*, Phys. Med. Biol. **25** (1980) 333
[8] *F. H. Attix, D. W. Pearson, P. M. De Lucy, S. I. Goetsch*, Health Phys. **38** (1980) 623
[9] ICRU-Report 31, Average Energy Required to Produce an Ion Pair, Washington 1979
[10] *J. H. Hubbell*, Rad. Res. **70** (1977) 58
[11] *M. J. Berger, S. M. Seltzer*, in: NASA-Rep. SP-3012 (1964)
[12] ICRU-Report 26, Neutron Dosimetry for Biology and Medicine, Washington 1976

Isotopenpraxis **20** (1984) 11, S. 416 bis 419

Spectral Distribution of Neutron Dose in Phantom

A. M. Sayed[1]), *N. A. Al-Liabi*

(Department of Physics, College of Science, University of Basrah, IRAQ)

Thermal, intermediate and fast neutron fluxes from Pu-Be neutron source has been measured inside a tissue-equivalent phantom using solid state nuclear track detectors. The fluence-dose conversion factors as well as related quality factors were used for absorbed dose and dose equivalent calculations. The experimental results were found to be in fair agreement with theoretical calculations. The contribution of thermal and intermediate neutron dose is lower relative to that for fast neutrons.

Unter Verwendung von Festkörper-Kernspurdetektoren wurden die Flüsse von thermischen, mittelschnellen und schnellen Neutronen von einer Pu-Be-Neutronenquelle in einem gewebeäquivalenten Phantom gemessen. Für die Berechnung der absorbierten Dosis und des Dosis-Äquivalents wurden Fluß-Dosis-Umrechnungsfaktoren und entsprechende Qualitätsfaktoren angewandt. Es wurde festgestellt, daß die Versuchsergebnisse verhältnismäßig gut mit den theoretischen Berechnungen übereinstimmten. Der Beitrag der thermischen und der mittelschnellen Neutronen zur absorbierten Dosis ist geringer als der der schnellen Neutronen.

Keywords

dosimetry; fast neutrons; neutron density; neutron fluence; neutron sources; phantoms

1. Introduction

The use of neutrons in therapy requires accurate physical dosimetry. It is important to specify in detail the spatial distribution of absorbed dose rate in a tissue-like phantom surrounding the source.

In measuring the absorbed dose from neutrons the energy transfer depends on the neutron energy as well as the properties of the struck nucleus. If one has a measure of the neutron flux density then the absorbed dose and dose equivalent can be calculated using the ICRP data [1].

Measurements of fast neutron dose rate distribution in phantom has been carried out by several authors [2–8]. Theoretical calculations has also been performed [9–12].

The question of neutron spectrum dependence must be raised for calculated as well as measured data. Detector size is an important parameter as each measure of the dose at a point involves integration of energy deposition over the region of the detector. Solid State Nuclear Track Detectors (SSNTD) show by their small thickness a good properties close to the neutron source.

The aim of this paper is to investigate the fluence and dose distribution from thermal (below 0·4 eV), intermediate (0·5 eV – 0·5 MeV) and fast (above ~1 MeV) neutrons in a tissue-equivalent phantom and for isotropic distribution.

2. Experimental

The measurements were made with one Ci Pu-Be neutron source with emission rate of $1{\cdot}92 \times 10^6$ ns^{-1}. The source active length is 2·05 cm and the diameter is 1·9 cm. The source is surrounded by a steel capsule of 2·6 cm dia and 3·7 cm length. The phantom used is a lucite tank of 60 cm dia and 80 cm height filled with water. The SSNTD used are: bare Mica*) plus natural uranium ($U_{nat.}$), 0·4 mm Cd-covered Mica plus $U_{nat.}$ and Cellulose nitrate LR-115**).

The fast neutron sensitivity for Mica and LR-115 was determined by free air calibration and was found to be $3{\cdot}9 \times 10^{-6}$ trak/neutron (T/n) and $6{\cdot}7 \times 10^{-6}$ T/n respectively. In order to determine the sensitivity of Mica to thermal and intermediate neutrons, the thermal neutron flux (φ_{th}), the intermediate neutron flux (φ_{in}) and the fast neutron flux (φ_f) has been determined at 1 cm depth in phantom using Au foils (0·002″ thick and 1″ dia). Bare and 0·4 mm Cd-covered foils are irradiated within the same irradiation point. φ_{th}, neutron flux per unit lethargy and φ_{in} (from 0·5 eV – 0·5 MeV) has been calculated [14]. The neutron sensitivity for Mica to thermal and intermediate neutrons was found to be $3{\cdot}2 \times 10^{-5}$ T/n and $2{\cdot}2 \times 10^{-6}$ T/n respectively.

3. Results and discussion

Fig. 1 shows the flux density vs. depth in phantom for thermal, intermediate and fast neutrons; as well as the fast neutron flux calculated as $\frac{1}{d^2}$.

It is clear that the φ_f decreases by increasing depth. The maximum value of φ_{th} occurs at ~3 cm depth. φ_{in} decreases more rapidly than φ_{th}. At 14 cm φ_{th} is 27% of its value at 1·0 cm; while φ_{in} is ~1·3% of its value at 1·0 cm. At 19 cm φ_{th} is 8% of its value at 1·0 cm while φ_{in} is less than 1% of its value at 1·0 cm. This is because thermal neutrons suffer only diffusion while intermediate neutrons suffer diffusion as well as thermalization. The build up of thermal neutrons at larger tissue depths results in a value which is higher by up to a factor of 2 compared with fast neutrons.

In Fig. 2 the ratio of thermal to non thermal neutrons (i.e. the Cd ratio which is the ratio of $U_{nat.}$-Mica track density to Cd-covered $U_{nat.}$-Mica track density) is shown. It is clear that the Cd ratio increases with depth in phan-

[1]) On leave from Radiation Protection Department, Atomic Energy Establishment, Cairo, Egypt

*) Obtained from Leybold-Heraeus GmbH & Co. KG. Köln, W. Germany

**) Manufactured by Kodak Pathé – France

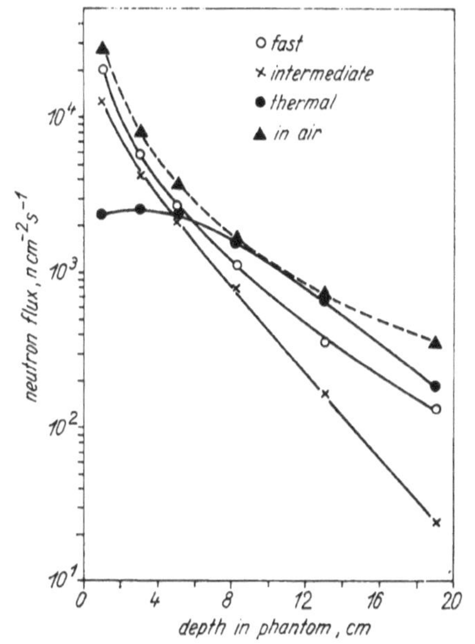

Fig. 1. Variation of the neutron flux with the depth in phantom

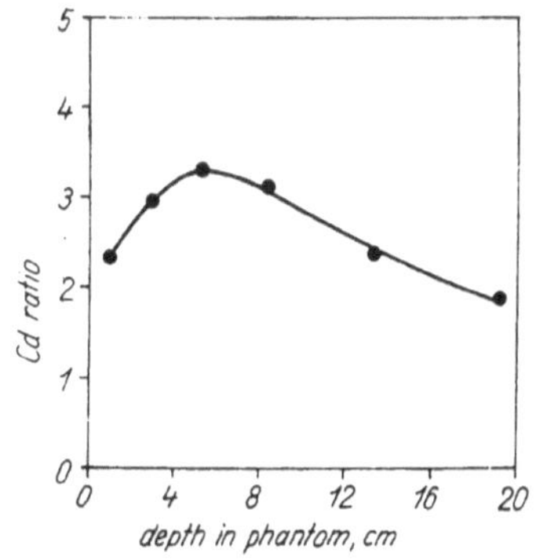

Fig. 2. Cd-ratio vs. depth in phantom

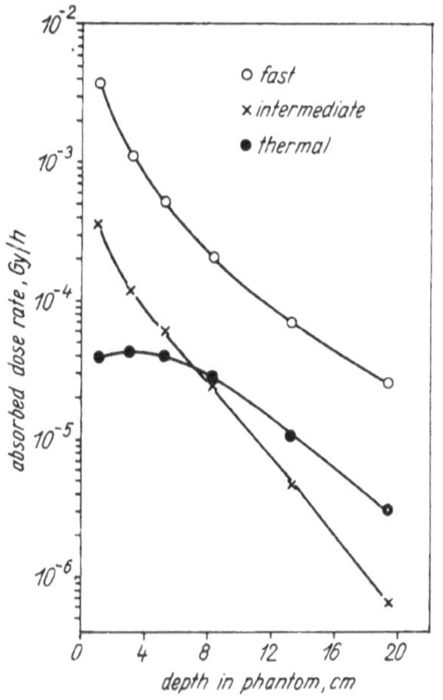

Fig. 3. Absorbed dose rate as a function of depth for moderated neutrons

tom, reaches its maximum at ~5 cm and then decreases. This increase is due to the fact that the thermalization is almost complete. On the other hand, the decrease at higher depths may be due to more diffusion and leakage of thermal neutrons near the edge of moderator.

Fig. 3 represents the variation of absorbed dose rate with depth in phantom for thermal, intermediate and fast neutrons. The absorbed dose rate was calculated according to ICRP conversion and quality factors [1]. For intermediate neutron fluence-dose an average value for conversion and quality factor in the energy range 0·5 eV to 0·5 MeV has been considered. It can be shown from this curve that, in contrary to the flux distribution (fig. 1), the dose fraction of thermal and intermediate neutrons is much lower compared to that for fast neutrons. The maximum percentage of thermal plus intermediate neutron absorbed dose is ~18% at ~10 cm depth in phantom (Tab. 1).

Tab. 1. fast, thermal and intermediate dose rate contribution at various depths

Depth cm	Absorbed dose rate		
	fast, %	thermal, %	intermediate, %
2	89·0	2·0	9·0
5	85·7	5·7	8·6
10	81·5	11·0	7·5
15	82·2	13·2	4·6
19	87·8	10·0	2·2

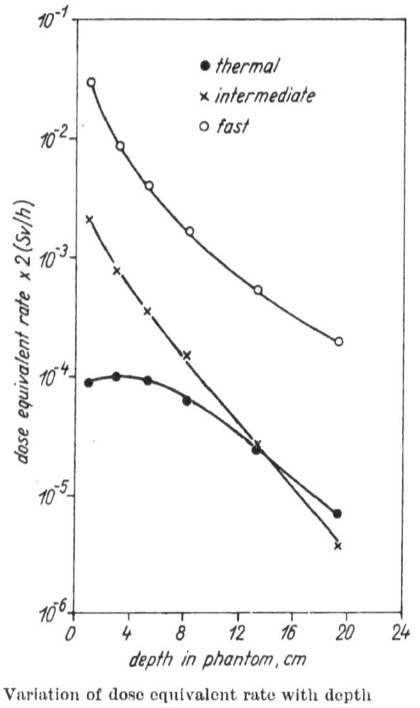

Fig. 4. Variation of dose equivalent rate with depth

In Fig. 4 the dose equivalent rate vs. depth in phantom is represented. Again the contribution of both thermal and intermediate neutrons in the dose equivalent is much lower. The maximum percentage is ~10% at ~10 cm depth. Fig. 5 shows the variation of the total absorbed dose rate and total dose equivalent rate with depth in phantom.

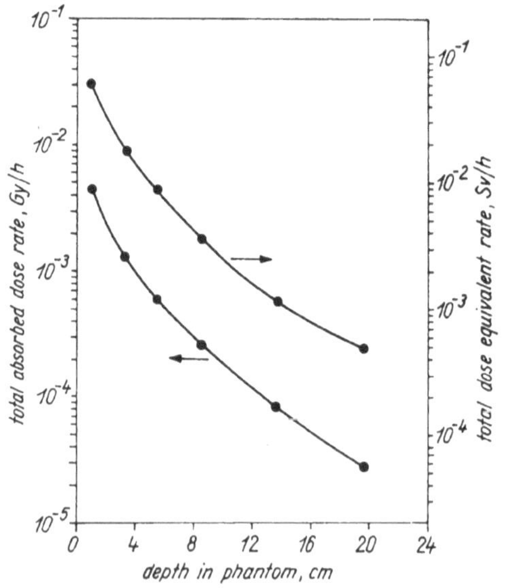

Fig. 5. Total absorbed dose rate and total equivalent dose vs. depth in phantom

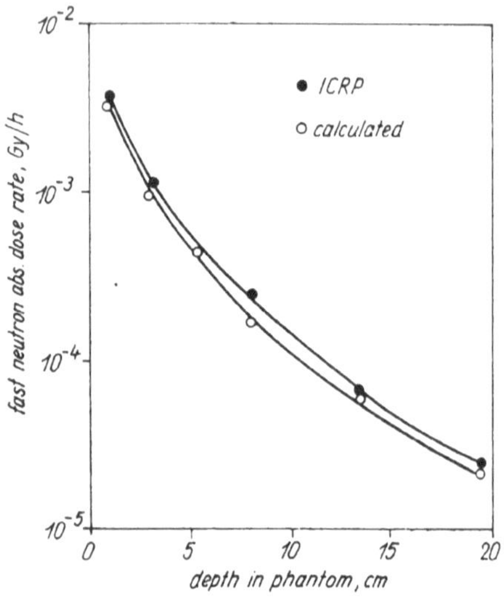

Fig. 6. Comparison between theoretical and experimental absorbed dose rates

It is clear that the fast neutron component is the most predominant in both dose rates (compare Fig. 3, 4 and 5). However, the thermal and intermediate contributions should be considered in the total dose rate.

Fig. 6 shows the fast neutron absorbed dose rate as a function of tissue depth compared to the theoretical absorbed dose rate. The absorbed dose rate was calculated according the fluence-dose conversion factors [1]; while the theoretical dose rate was calculated from the equation [13].

$$D_n(E) = \frac{\varphi E \Sigma_i N_i \sigma_i f_i}{100} \quad (1)$$

where φ = fast neutron flux, n cm^{-2} s^{-1}
E = neutron energy
N_i = number of atoms per gram of the ith element
σ_i = scattered cross section of the ith element for neutrons of energy E
f_i = mean fractional energy transfer to scattered atom.

The composition of soft tissue was assumed to be given by the formula $C_{0.5}H_8O_{3.5}N_{0.14}$ and to have a formula weight of 72. Scattering cross section are 1·65, 1·50, 1·55 and 1·00 barns for carbon, hydrogen, oxygen and nitrogen respectively [13]. It is clear that both curves are in good agreement to within ~15%. The curve calculated according to ICRP conversion factors [1] is higher by ~15% that calculated according to equation (1). This may be due to the fact that ICRP conversion factors is based on undirectional broad beam of monoenergetic neutrons at normal incidence; while the calculations according to equation (1) are based on measurements on water phantom which may be slightly different than the phantom formula used in equation (1) (i.e. $C_{0.5}H_8O_{3.5}N_{0.14}$). This agreement confirms the tissue equivalent detector used (LR-115) with its $Z_{eff} \cong 7{\cdot}2$ compared to Z_{eff} of water which is ~ 7·22 and Z_{eff} for tissue which is ~ 7·42.

In Fig. 7 the variation of φ_w/φ_{air} vs. depth in phantom is represented. φ_w is the fast neutron fluxes at various depths in water while φ_{air} is the flux measured in free air at the same detector position in empty phantom.

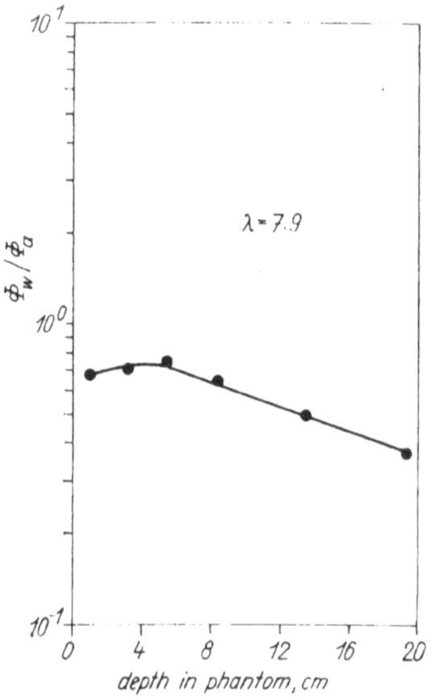

Fig. 7. φ_w/φ_{air} vs. depth in phantom

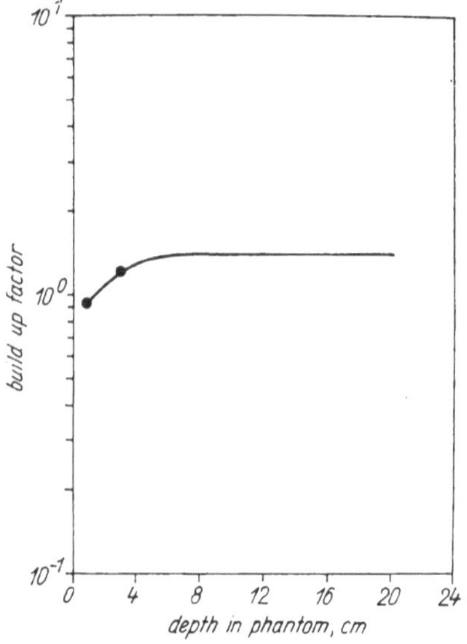

Fig. 8. Build-up factor as a function of depth

Mitteilungen / Information

IAEA: BUERO FUER SICHERHEITSKONTROLLE IN JAPAN

Vor kurzem hat die IAEA ein Buero in Tokio eroeffnet, vor allem um die Durchfuehrung des mit der japanischen Regierung abgeschlossenen Abkommens ueber Sicherheitskontrolle im Rahmen des Atomsperrvertrages zu erleichtern.
Die Adresse des Bueros der IAEA in Tokio ist: Kawaguchi Building, 8-10 Iidabaschi 1-Chome, Chiyoda-ku, Tokyo 102. (IAEA-Pressekommunique 84/16)

Kurznachrichten / Newlets

Reaktorsicherheit:
KREBSTOTE NACH REAKTORUNFALL?

1957 ereignete sich im Reaktor der Windscale-Anlagen in Cumbria ein Unfall, in dessen Verlauf groessere Mengen des radioaktiven I-131 (Halbwertszeit ca. 8 Tage) in die Umwelt gelangten. In Pressemeldungen wurde berichtet, dass nach "amtlichen Angaben" der Unfall aufgrund von Spaetfolgen vermutlich mindestens 13 Menschen das Leben gekostet hat. Diese Pressemeldungen stuetzten sich auf einen Bericht der britischen nationalen Strahlenschutzbehoerde NRPB. Dazu ist zu sagen: Die Presseberichte geben Zahlen aus dem NRPB-Bericht richtig wieder, erwecken jedoch teilweise den Eindruck, als ob diese Todesfaelle an Krebs als Folge des Windscale-Zwischenfalls tatsaechlich aufgetreten seien. Dieser Eindruck ist falsch: der NRPB-Bericht wertet lediglich die in den Jahren 1957 bis 1959 bereits veroeffentlichten Ergebnisse der Radioaktivitaetsmessungen aus. Eine mit diesen Daten durchgefuehrte Risikoabschaetzung erbrachte die in den Pressemeldungen genannte Zahl fiktiver Krebsfaelle und Krebstodesfaelle. Als Berechnungsmethode wurde die Arbeitshypothese der Internationalen Strahlenschutz-Kommission ICRP zugrunde gelegt, die im Strahlenschutz angewendet wird, um jeweils "auf der sicheren Seite zu liegen". Im Bericht ist ausdruecklich erwaehnt, dass die errechneten Risikowerte deshalb nur als oberste Schaetzgrenze zu werten sind. Bei Risiken der hier in Frage stehenden Groesse (13 Todesfaelle und Schilddruesenkrebs in der Bevoelkerung Grossbritanniens innerhalb einiger Jahrzehnte) ist nicht feststellbar, ob solche Todesfaelle tatsaechlich aufgetreten sind.
(Atomwirtschaft/Atomtechnik 29(1984)4, S.K+UII)

Strahlenphysik:
STRAHLENBELASTUNG BEIM ROENTGEN

Die Anwendung der Roentgenstrahlen zu diagnostischen Zwecken liefert mit rund 50mrem/a noch immer den groessten Beitrag zur kuenstlichen genetisch signifikanten Strahlenbelastung der Bevoelkerung der BRD von insgesamt 60 mrem/a. Im Mittel werden zur Zeit jaehrlich etwa 1,7 Roentgenuntersuchungen pro Kopf der Bevoelkerung durchgefuehrt. Die Strahlenbelastung bei einer einzelnen Untersuchung haengt stark von deren Art und Durchfuehrung ab. So betraegt z.B. die mittlere Keimdruesendosis einer Lungenaufnahme bis zu 6 mrem, eine Aufnahme der Beckengegend bis zu 1100 mrem, eine Kontrasteinlauf-Aufnahme bis zu 2900 mrem. Bei der Umrechnung der Keindruesendosis zur genetisch signifikanten Dosis muessen Geschlecht, Lebensalter und Kindeserwartung der jeweiligen untersuchte Personen beruecksichtigt werden.
(Atomwirtschaft/Atomtechnik 29(1984)4,S. K+UII)

Nukleare Sicherheit:
STILLEGUNG VON FORSCHUNGSREAKTOREN

Rund 80 Forschungs- und Pruefreaktoren sind entweder bereits stillgelegt oder befinden sich in verschiedenen Phasen des Stillegungsprozesses, die meisten davon in Industrielaendern. Von den rund 270 Forschungs- und Pruefreaktoren, die gegenwaertig auf der Welt in Betrieb sind, arbeiten rund 110 seit mindestens 20 Jahren. Da Forschungsreaktoren bis zu ihrer Stillegung eine durchschnittliche Lebensdauer von rund 15 Jahren haben, werden viele von den 110 zwanzig Jahre alten Forschungsreaktoren bald "Stillegungskandidaten" sein, davon etwa 20 in Entwicklungslaendern. Da bei Forschungsreaktoren grosse Unterschiede bezueglich des Typs, der Groesse, der Leistung und der Art des Betriebes bestehen, muss jeder individuell behandelt werden, um zu gewaehrleisten, dass die Stillegung moeglichst sicher erfolgt. Seit 20 Jahren sammelt und verbreitet die IAEA Informationen und Erfahrungen auf diesem Gebiet. Mehrere Tagungen wurden abgehalten, um Stillegungsverfahren und die Entsorgung der dabei entstehenden radioaktiven Abfaelle zu eroertern. Auf diesen Tagungen ist man zu dem Schluss gelangt, dass zwar keine unueberwindlichen Probleme bestehen, dass aber einige Aspekte der Stillegung weiter zu bearbeiten sind, unter anderem die Sicherheitskriterien. Man hat auch erkannt, dass es vorteilhaft waere, die Prinzipien und Normen international zu vereinheitlichen und zu rationalisieren. Deshalb arbeitet die IAEA gegenwaertig an einer Sammlung von Anleitungen fuer nukleare Sicherheit bei der Stillegung von Forschungsreaktoren. Ein Ausschuss von 22 Fachleuten aus 16 Laendern und einer zwischenstaatlichen Organisation hat vom 19. bis 23. Maerz 1984 in Wien getagt, um den im vorigen Jahr erstellten ersten Entwurf der Publikation zu pruefen. Die Publikation basiert auf einer Richtliniensammlung fuer Betriebssicherheit von Forschungsreaktoren und kritischen Anordnungen, die die IAEA 1971 veroeffentlicht hat und die in diesem Jahr in einer revidierten Neuauflage erscheinen soll. In den Anleitungen wird empfohlen, wie die in den Richtlinien festgelegten Sicherheitserfordernisse bei der Stillegung zu erfuellen sind.
(IAEA-Pressekommunique 84/9)

ENDOR-Spektroskopie:
EINE FORTSCHRITTLICHE METHODE ZUR STRUKTURUNTERSUCHUNG ORGANISCHER RADIKALE - EINE UEBERSICHT

Das Akronym "ENDOR" (Electron Nuclear DOuble Resonance) kennzeichnet die Erweiterung der Elektronenspinresonanz- zur Elektron-Kern-Doppelresonanzspektroskopie, einer Methode, die der Untersuchung komplizierter paramagnetischer Molekuele neue Dimensionen eroeffnet hat. Erst die im letzten Jahrzehnt technisch ausgereifte ENDOR-Spektroskopie sprengt die Aufloesungsgrenzen der EPR-Spektroskopie und ermoeglicht so beispielsweise interessante Anwendungen in biochemischen Bereichen. ENDOR-Untersuchungen haben zu neuen Einsichten in den Primaerprozess der Photosynthese, die Wirkungsweise von Vitamin E und K sowie den Mechanismus der Katalyse durch Flavoenzyme in biologischen Redoxketten gefuehrt. ENDOR und die Erweiterung zum Dreifachresonanzexperiment TRIPLE bieten unter anderem die Moeglichkeit zur genauen Bestimmung von Hyperfeinkopplungskonstanten einschliesslich ihrer oft bes. interessierenden Vorzeichen. Neben Protonen sind viele andere Kerne "ENDOR-faehig", z.B. H-2, C-13, N-14. Seit dem 1970 publizierten, erfolgreichen N-14-ENDOR-Experiment hat die N-14-ENDOR -Spektroskopie auch bei der Anwendung auf biologische Systeme zunehmendes Interesse erlangt. Fuer einen N-14-Kern im π-System ist das "ENDOR-Verhalten" gut vergleichbar mit dem des C-13-Isotops in aehnlicher Umgebung; die fuer N-14 zusaetzlich auftretende Quadrupolrelaxation kann im allgemeinen vernachlaessigt werden, da die anisotrope Hyperfeinwechselwirkung den Hauptbeitrag zur Relaxation liefert (evtl. Quadrupoleffekte lassen sich durch Vergleichen mit N-15-markierten Spezies erkennen, denn dieses Isotop hat kein Quadrupolmoment). Ausserdem konnten bereits Li-7, Na-23, Rb-85,87, Cs-133

und in Chelatkomplexen auch K-39-ENDOR-Effekte beobachtet werden und von F-19, P-31, Si-29, Sn-117,119, B-10,11, Al-27 und Tl-203,205 sind auch ENDOR-Effekte identifiziert worden. In einer 1981 publizierten theoretischen ENDOR-Empfindlichkeit wurden Voraussagen ueber die Chancen von O-17, S-33 und Cl-35,37 gemacht. Die ENDOR-Technik ist nicht auf Monoradikale beschraenkt, sondern kann auch auf Polyradikale in Spinzustaenden hoeherer Multiplizitaeten angewendet werden (Triplett-, Quartettzustand). Die Messgroessen lassen Aussagen ueber Spin- und Ladungsdichteverteilungen, Radikalstrukturen und innermolekulare Dynamik zu. Sie sind fuer die Pruefung der Ergebnisse quantenmechanischer Rechnungen hervorragend geeignet.
(Angew.Chem. 96(1984)3, S. 171-193, H.Kurreck u.a.)

Radioactive wastes:
SELLAFIELD DISCHARGES

Apparent deficiencies in the British Nuclear Fuels (BNFL) system for managing liquid radioactive wastes led to the transfer of approximately 4500 Ci of radioactivity comprising aqueous liquid, solvent and solids (crud) to a sea discharge tank. Subsequent management of this waste led to a series of discharges to sea over a period of a week in November 1983. These discharges included solvent and solids and dispersion and dilution in the sea did not occur. The precise amount discharged has not yet been established; however it may have been a significant proportion of the original 4500 Ci. Reports on the Sellafield radioactive discharge incident which took place in November 1983 have been published by the Health and Safety Executive (HSE) and the Department of Environment (DoE) Radiochemical Inspectorate. The HSE report is based on preliminary investigations by HM Nuclear Installations Inspectorate (NII). It found that safeguards relevant to radioactive liquor transfers would have been more effective if less reliance had been placed on administrative arrangements and that the incident appeared to have been caused by a failure in communications between shifts in the reprocessing plant. These could have been prevented by more adequate operating records and procedures. The report's recommendations were brought to the notice of BNFL in early December 1983. As a result the company made a number of proposals aimed at preventing a recurrence of the incident and others like it. They fall into two categories: administrative arrangements and engineering modifications to plant. The administrative arrangements and some of the modifications were to be implemented in the short term, while other modifications, particularly those requiring research and development, would take a longer time to complete.
(Atom 330 (1984), p. 16)

Ankündigungen / Announcements

GEOCHEMICAL BEHAVIOR OF DISPOSED RADIOACTIVE WASTE

G.S. Barney, J.D. Navratil and W.W. Schulz - ACS-Symposium Series, 246, American Chem. Soc., Washington, 1984, 413 pp.

Contents:

Veröffentlichungen / Publications

PROCEEDINGS OF THE TRANSFER OF RADIOACTIVE MATERIALS IN THE TERRESTRIAL ENVIRONMENT SUBSEQUENT TO AN ACCIDENTAL RELEASE TO ATMOSPHERE

(Dublin, 11-15 April 1983), Commission of the European Communities, Luxembourg, July 1983; 2 volumes

Contents:

-T secretion into cow's milk after an accidental release of T to the atmosphere - J. Van den Hoek et al.
-Transfer coefficients for Sr-90 and Cs-137 in various constituents of human diet in the Nordic countries - O.J. Nielsen
-T and Pu content in the food-chain in Italy - G. Ingrao et al.
-The binding of Pu by phytate in plants and its influence on gut uptake by mammals - J.R. Cooper et al.

Integrated Models
-A study of the sensitivity of a dynamic soil-plant-animal model to changes in selected parameter values - M.C. Thorne et al.
-A sensitivity study of ingestion population dose following a hypothetical atmospheric release from a nuclear power station - S.Nair
-Terrestrial pathways model for NUCRAC-SAI - J.A. Roberts
-A preliminary evaluation of a dynamic model for the transfer of radionuclides in the pasture-cow-milk pathway with data from a field investigation - T.J. Sumerling et al.
-The influence of season of the year on the agricultural consequences of accidental releases of radionuclides to atmosphere - J.R. Simmonds
-Application of the "DOSDIM"-model to assess doses due to deposited materials subsequent to an accidental atmospheric release - P. Govaerts et al.
-Long term transfer of Cs-137 and Sr-90 within two Swedish agroecosystems as described by a stepwise model including corrective measures - E. Haak
-Impact a court terme du rejet accidentel maximal envisageable de T par un réacteur PWR - C. Caput-Roguier
-Doses to man from marine products - S.Boelskifte
-Bestimmung und Bewertung von Stoerfallfolgen durch Radionuklidfreisetzungen aus Kernkraftwerken auf der Basis probabilistischer Methoden - G. Schwarz u.a.

Veranstaltungskalender – Tagungen – Lehrgänge / Calendar – Meetings – Courses

3rd Working Meeting RADIOISOTOPE APPLICATION AND RADIATION PROCESSING IN INDUSTRY
(23-27 Sep., 1985, Leipzig/GDR)
The Conference will comprise 4 sections:
-Radioanalytical Methods
-Tracer Methods
-Radiometric Process Gauges
-Radiation Processing
Conference Language: English
Organization Committee: Academy of Sciences of the GDR, Central Institute of Isotope and Radiation Research, DDR-7050 Leipzig, Permoserstr. 15

Ausgewählte Beiträge / Recently published papers

Wissenschaft und Fortschritt 34(1984)7
Heiss und Kalt, ein Besuch im Institut fuer Physikalische Probleme der AdW der UdSSR, Moskau, Teil III - H. Rudolf et al. (Beschreibung und Arbeitsweise des Mikrotrons)

Grundwasser eine kostbare Naturressource - U. Koch.

J. MOLEC. SPECTROSCOPY 104(1984)1
Quasi-symmetric top molecule approach to the rotational-vibrational problem of CH_3XY molecules: application to $CH_3C^{15}N$ - J. Koput

The FT-IR spectra of pyridine and pyridine-d_5 - K.N. Wong et al.

The Ångstroem ($B^1\Sigma+-A\Pi$) band system of C-13-O-18 - C.V.V. Prasad et al.

Splittings in the ν_6 band of $^{12}CH_3D$ - R.J. Boyle et al.

Out-of-plane vibrations in 1,2-Difluorobenzene and 1,2-Difluorobenzene-d_4 - B. Lunelli et al.

HEALTH PHYSICS 46(1984)3
Pu in Finnish Lapps - H. Mussalo-Rauhamaa et al.

Microdosimetry of α-irradiated lung - J.A. Simmons et al.

A study of the performance of selected instrumentation for Xe-133 personnel hazard measurements in nuclear medicine laboratories - H.V. Piltingsrud

A multidetector α-spectroscopy analysis system - R.A. Guilmette et al.

Concentration of orally administred and chronically fed Tc-99m in Japanese quail eggs - J.M. Thomas et al.

Internal contamination of radiological workers by T compounds in 2 universities in the Netherlands - J.H. Duijsings et al.

Distribution of Co-60 and Cs-137 in mallard ducks - J. Konings et al.

Rn daughters in European mines - M.C. O'Riordan

Biopositive effects of ionizing radiation?

Reply to E. Broda: "Biopositive effects of ionizing radiation? " - F. Steinhaeusler et al.

Problems in calculating cost of radiation exposure - V.E. Archer

J. RADIOANAL. NUCL. CHEM. - ART. 82(1984)2
Ion association studies in aqueous $NiSO_4$ solutions by positron lifetime spectroscopy - G. Duplâtre et al.

Use of radioactive indicators for studying the sorption behaviour of polyvalent cations in solution - Yu.P. Davydov et al.

Cation exchange properties of crown ether-phosphotungstic acid precipitates - K.K. Luk et al.

Cumulative yields of the short-lived ruthenium isotopes in the spontaneous fission of Cf-252 - A.G.C. Nair et al.

Determination of the formation rate constant of carrier-free In-111(III) with EDTA - T. Omori et al.

Interaction of radium with fresh water sediments and their mineral components. I. Ferric hydroxide and quartz - P. Beneš et al.

Determination of Ra-236 and Th-230. An improved procedure - I.G. de Jong et al.

Trace element analysis of maternal scalp hair by external beam proton-induced X-ray emission (PIXE) - G.S. Hall et al.

Combined neutron activation and particle track analysis of element distributions in a rock slice of mineralized granite - A.B. MacKenzie et al.

Evalution of reactor induced (n,p) reactions for activation analysis of titanium in geological materials - R. Espinosa Garcia et al.

Determination of rare earth elements by radioisotope induced X-ray emission spectroscopy - M. Jakšić et al.

Studies on Ra-226 and Pb-210 activities and the concentration factors of Ra-226 in the surface organic layers of the estuarine sediments of Mindola and Purna rivers in India - L.U. Joshi et al.

k_0-measurements and related nuclear data compilation for (n,γ) reactor neutron activation analysis. Part II - L. Moens et al.

ZEITSCHRIFT FUER CHEMIE 24(1984)2
Oxo-Tc(V)-bis(dicyanoethylenediselenolat) - the 1st complex compound of Tc containing the TcOSe4-core - U. Abram et al.

NATURWISSENSCHAFTEN 71(1984)3
Technik, Krieg und Kriegsverhuetung - E. Teller

Fortschritte der U-Anreicherung - S. Villani

Sekundaerauswirkungen eines Atomkrieges

CO_2, C-Kreislauf und Klima - H. Grassl et al.

PHYSICAL REV. C 29(1984)7
Double K-shell ionization in the electron capture decay of Sr-85 - G. Schupp et al.

J. PHYS. CHEM. 88(1984)7
Photochlorination of chloroethane and chloroethane-d_5 - E. Tschuikow-Roux et al.

ANALYTICAL CHEMISTRY 56(1984)4
Mass spectrometric determination of burnup of Th U dioxide fuel - L.W. Green et al.

Determination of serum urea by isotope dilution mass spectrometry as a candidate definitive method - M.J. Welch et al.

Determination of Ra in water by liquid scintillation counting after preconcentration with ion-exchange resin - H. Higuchi et al.

Resonance ionization mass spectrometry of U with intracavity Laser ionization - S.W. Downey et al.

CHEMIKER ZEITUNG 108(1984)3
The existence of single small atoms determined by instrumental analysis and radiochemical methods - C. Keller

Tritium marking of acrihellin - new oral effective cardiosteroids - J. Engel et al.

Recovery of U from wet process by the chloride leading of phosphate rocks - A.O. Santana et al.

BER. BUNSENGES. PHYS. CHEM. 88(1984)1
Diffusion in liquid mixtures of H_2O and D_2O - H. Weingaertner

Spectral properties and kinetics of cationic transients generated in electron pulse irradiated C_7-to C_{16} alkanes - R. Mehnert et al.

J. MOLEC. SPECTROSCOPY 104(1984)2
Tunable diode Laser spectra of C_2H_3D between 830 and 890 cm^{-1} - Ph. Herbin et al.

Near-UV spectra with fully resolved rotational structure of naphthalene and perdeuterated naphthalene - W. Majewski et al.

The IR spectrum of T_2 O-18 - I. Kanesaka et al.

CHEMICAL PHYSICS LETTERS 105(1984)5
Integral and state-to-state cross sections for the reaction D + H_2 (νi) --> HD (νf) + H: a quantum mechanical study within the infinite order sudden approximation - N. Abu Salbi et al.

Secundary kinetic isotope effects: D abstraction by Cl atoms from the CD_3 group in CD_3CH_2Cl, CD_3CHDCl, and CD_3CD_2Cl - J. Niedzielski et al.

CHIMIA 38(1984)3
Problems of risk estimates for low doses of radiation - H. Fritz-Niggli

EARTH PLANETARY SCI. LETTERS 67(1984)3
Estimates of particle flux and reworking at the Deep-See Floor using Th-234 U-238 disequilibrium - R.C. Aller et al.

The Transhimalaya (Gangdose) plutonium in the Ladakh region - a U-Pb and Rb-Sr study - U. Scharer et al.

Pb-Sr isotopic variations along the East Pacific Rise and the Mid-Atlantic Ridge - a comparative study - B. Hamclin et al.

The Pb isotope systematics of ophiolite complexes - B. Hamclin et al.

MINERALIUM DEPOSITA 19(1984)2
A discussion on the Pb isotope geochemistry of galena from the Bambul Group, Minas Gerais (Brazil) - S.S. Iyer

Ore Pb isotope variations in the Proterozoic massive pyrite deposit at Naesliden (Sweden) - D. Rickard et al.

Preliminary report on the Sr isotope composition of hydrothermal vein barites in the FRG - R. Hofmann et al.

J.GEOPHYSIC. RES. 89(1984)B2
Eruption age of a 100 000 year old basalt from Ar-40/Ar-39 analysis of partially degased xenoliths - A.R. Gillespie et al.

ATOMNAJA ENERGIJA 57(1984)3 (all in Russian)
On the Cost of Information in Nuclear Power - Ya.V. Shevelyov

Non-Stationary, Non-Uniform, Non-Equilibril Two-Component Flow Consisting of Water, Steam and Air - N.I. Kolev

Investigation of Resonance Effects of Fast-Neutron Interactions with Fe-56 Nuclei in the 0,2-0,8 MeV Energy Range - A.A. Sarkisov et al.

The Application of Gamma Spectrometry in Integral Experiments on the Physics of Reactors - A.V. Bushuyev et al.

On Transport of Radioactive Effluents from the North Sea to Central Regions of the Baltic Sea - S.M. Vakulovsky et el.

Low-Background Underground Laboratory for Radiogeochemical Measurements - Yu.A. Surkov et al.

The Energy and Angular Distribution of Electron Bremsstrahlung from Thick Targets - V.I. Isayev et al.

Calculation of the Equivalent and Absorbed Doses of Photoneutrons -V.I. Isayev et al.

Investigation of the Effect of Surrounding Material on Sample Activatio in a Neutron-Activation Installation with Centrally Located Source - B.S. Vakhtin et al.

The Influence of Resonant Buffer Gas on the IR Dissociation of 2-Chloroethenyl Dichloroborane - G.I. Abdushelishvili et al.

Effective Yields of Fission Products in Water-Moderated Water-Cooled Reactor Fuel - V.Ya. Gabeskiriya et al.

On Applicable Temperature Intervals of Si(Li)-p-i-n Detectors - R.A. Muminov

The Flux Density Distribution of Photoneutrons in a Thick Lead Target - V.I. Kasilov et al.

The attenuation in phantom can be obtained from the following equation:

$$\varphi_w/\varphi_{air} = \beta(x)\, e^{-x/\lambda} \quad (2)$$

where $\beta(x)$ is the build-up factor and λ is the relaxation length. From Fig. 7, the relaxation length was found to be 7·9 cm in fair agreement with 7·25 calculated before [13]. This relaxation length is valid from ~ 5 cm up to 20 cm depth in phantom. At depths in tissue smaller than 6 cm, a build-up factor $\beta(x)$ should be considered and this is represented in Fig. 8. From this figure it is clear that the build-up factor increases with depth from 1 cm to 6 cm reaching a maximum value of $\sim 1{\cdot}4$ at 6 cm and then becomes more or less constant.

4. Conclusions

SSNTD enable the measurements at smaller depths. The contribution of thermal and intermediate neutron in both absorbed dose and dose equivalent reaches a maximum value of 18% at 10 cm depth. An agreement between the absorbed dose calculated with ICRP conversion factors and that calculated theoretically was found to be valid within 15%. The relaxation length was found to be 7·9 cm. The build-up factor reaches a value of 1·4 at 6 cm, after which becomes constant.

Acknowledgement

The authors wish to express their sincere thanks to Dr. *A. J. Saleh*, head of the physics department, College of Science for his valuable discussions and comments.

Received November 16, 1983

References

[1] International Commission on Radiological Protection, ICRP-Publ. 21 (1971)
[2] *R. D. Colvett, H. H. Rossi, V. Krishnaswamy*, Phys. Med. Biol. **17** (1972) 356
[3] *R. G. Fairchild*, BNL – 12452 (1968)
[4] *D. Greene, D. Major, W. L. Meredith*, Proc. 1st Sympos. on Neutron Dosimetry in Biol. & Med. EUR 4896, d-f-e (1972) 839
[5] *G. D. Oliver*, Ph. D. Thesis, University of Oklahoma 1968
[6] *E. Piesch, A. M. Sayed*, Proc. 2nd Symp. on Neutron Dosimetry in Biology and Medicine, EUR – 5273 d-e-f (1974) 517
[7] *E. Piesch, A. M. Sayed*, Proc. IAEA Symposium on Biomedical Dosimetry, Vienna (1975) 117
[8] *A. M. Sayed, M. A. Kenawy*, Proc. 6th Symposium on Microdosimetry, EUR-6064, DE – EN – FR (1978) 517
[9] *T. D. Jones, J. A. Auxier*, Phys. Med. Biol. **17** (1972) 206
[10] *P. S. Nagarajan*, et al., Int. J. Appl. Radiat. and Isotopes **22** (1971) 325
[11] *J. P. Windham* et al., Phys. Med. Biol. **17** (1972) 493
[12] *E. A. Belogorlov*, et al., Nucl. Inst. and Meth. **199** (1982) 563
[13] *H. Cember*, Introduction to heath Physics, Pergamon Press 1978
[14] *E. J. Mohamed*, M. Sc Thesis, Basrah University 1978

Isotopenpraxis 20 (1984) 11, S. 419 bis 421

Study the Attenuation of Dose Distribution of Total Gamma Rays in Multilayer Shield

R. M. Megahid

(Nuclear Research Center A.E.E., Cairo Egypt)

El-Sayed H. El-Kalla

(Physics Department Al-Azhar University)

M. W. Esmaiel

(Faculty of Engineering Ain Shams University)

Experimental measurements have been carried out to study the effect of iron loaded with boron carbide on the distribution and attenuation of gamma doses in a heterogeneous shield of water, iron and ordinary concrete. Measurements were performed using a reactor beam of gamma doses. It was found that the presence of boron carbide in iron thermal shield causes a decrease of dose distribution of total gamma rays measured inside the concrete layer, but no appreciable change was noticed in the distribution of this radiation in water layer.

Es wurden Versuchsmessungen durchgeführt, um den Einfluß von mit Borkarbid versetztem Eisen auf die Verteilung und Schwächung von Gammadosen in einer heterogenen Abschirmung, bestehend aus Wasser, Eisen und gewöhnlichem Beton, zu untersuchen. Die Messungen wurden unter Nutzung einer Reaktor-Gammastrahlung durchgeführt. Es wurde festgestellt, daß das Vorhandensein von Borkarbid im Eisen einer thermischen Abschirmung zu einer Reduzierung der Dosisverteilung einer Gammastrahlung, gemessen in einer Betonschicht, führt. Jedoch wurde keine wesentliche Veränderung der Verteilung dieser Strahlung in der Wasserschicht festgestellt.

Keywords

attenuation; boron carbides; concretes; gamma radiation; shielding materials; thermal shields

Introduction

It is known that in nuclear reactors a large amount of shielding is required to attenuate the intensity of emitted radiation.

Iron is frequently used as a thermal shield for reactor since it possesses the required nuclear properties and is easily incorporated in mechanical structure of the reactor. One of the main disadvantage is the emission of the 7·7 MeV capture γ-radiation. This may be overcome by mixing the iron with some materials which has high thermal neutron capture cross section and which does not produce hard capture gamma radiation. This can be obtained by using boron loaded iron.

For the purpose of shield design, the primary radiations [1 – 3] are defined as those which originate within the reactor core, where as a secondary radiation are produced out-side the core as result of the interaction of primary radiation mainly the neutrons with nuclei in reflector, cooland and shield materials.

One of the main factors which has to be considered for shield design is the chosen of the most suitable materials from which the main portion of the shield (termed the bulk shield or the biological shield) could be constructed and which satisfy all other requirements. The choise of possible materials will be influenced to some extent by the ratio of the gamma and neutron intensities which have to be shielded.

For instance, it must not be possible for the shield to melt during a reactor runway and to add reactivity by falling into the core. This consideration applies particulary to fast reactors [4, 5].

In the present work, measurements were performed to study the attenuation and distribution of gamma doses in heterogeneous shield.

The heterogeneous shield under investigation was constructed of a layer of water 20 cm thick (Reflector), iron 5 cm thick as a thermal shield and 120 cm ordinary concrete as biological shield with lateral dimension of 120 × 120 cm.

A brief description of this shield is given below.

a) *Water layer*: It is a tank made from aluminium have a/dimension 120 cm × 120 cm

b) *Iron layer*: It consist of 5 sheets of iron each of dimension 120 cm × 1 cm. in contact with each other to form one layer. For iron impregnated with boron carbide a 1 cm layer of boron carbide is introduce between the iron sheets.

c) *Ordinary Concrete*: The ordinary concrete has a density 2·3 gm/cm³ and is mainly consisting of portland cement, sand, gravel and water. The relative distribution of these constituents by weight in 1:2·26:4·65:0·55 respectively [6].

The gamma detectors were fixed on special holders of density approximately equal to that of medium [7] inserted in water tank and concrete layer. The laminated shield was arranged in front of one of the horizontal channels of the ET-RR-1 [8] reactor as shown in Fig. 1.

Measurements were carried out along the beam direction (Z-direction) and normal to it (R-direction) using ^{7}LiF

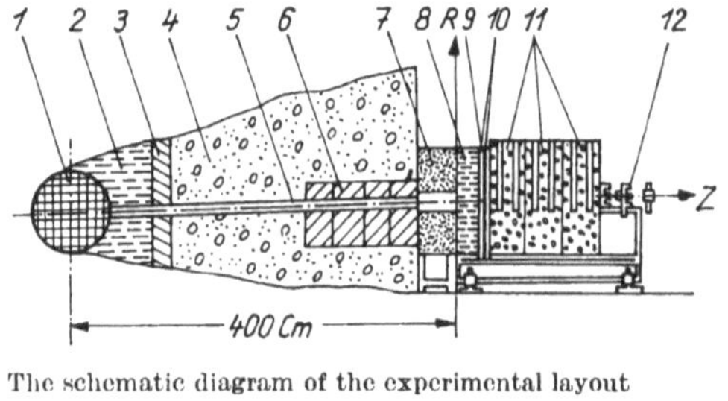

Fig. 1. The schematic diagram of the experimental layout

1 – Reactor core; 2 – Water cooling; 3 – Cast-Iron wall; 4 – Concrete wall of reactor; 5 – Experimental channel; 6 – Channel rotating gates; 7 – Collimator, 14 cm diameter; 8 – Water tank; 9 – Boron carbide filter; 10 – Iron slabs; 11 – Investigated concrete blocks; 12 – Regulated for cassette height

thermoluminescent detectors [9]. The gamma dose was measured with a Teledyne Isotope-7300 system.

Results and Discussion

The absolute doses of gamma radiation was determined by using a Teledyne Isotopes as a counter for the detectore which fixed on special holders which placed in our shield.

The results may be classified into:

a) *Dose distribution of total gamma rays in the heterogeneous shield without and with boron carbide*

The attenuation curves for gamma doses distribution in heterogeneous shield of water, iron, iron impregnated with boron carbide and ordinary concrete in planes parallel and normal to the beam axis are represented in Fig. 2 and 3.

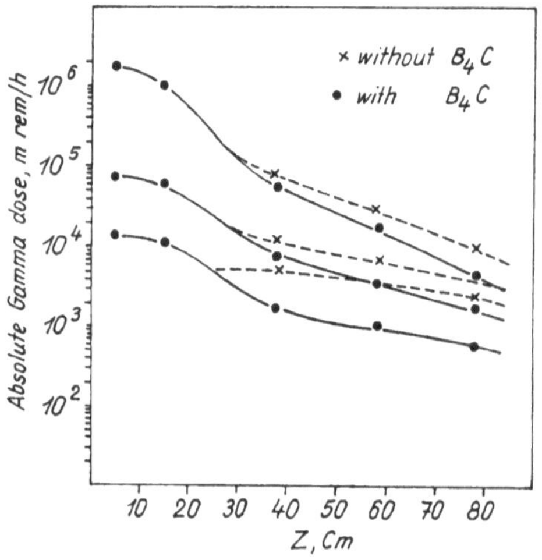

Fig. 2. Distribution of total gamma doses in laminated shield of water, iron, iron + B_4C and ordinary concrete in planes parallel to the beam axis

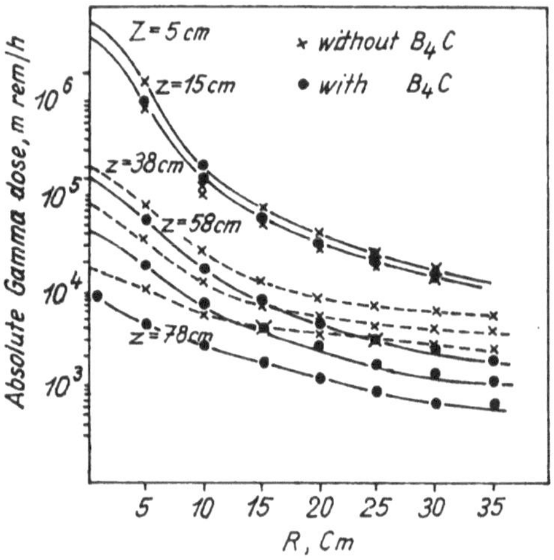

Fig. 3. Distribution of total gamma doses in laminated shield of water, iron, iron + B_4C and ordinary concrete in planes normal to the beam axis

Fig. 2 show that the gamma dose intensity decreases with increasing the shield thickness for all values of *R*. The curves show that the decrease in dose intensity is lower inside water layer, this is due to the low absorption of gamma rays by water material, it can be also due to the compensation of the absorption by newly produced gamma rays arising from thermal neutron capture. It can be noticed that the decrease in gamma dose intensity has a largest value at position with $20 < Z < 40$ cm, also for $Z = 38$ cm the gamma intensity decreases exponentially with increasing Z for all values of R. However, this behaviour is not valid for values of $Z = 38$ cm specially at higher values of R.

Comparison between the attenuation curves shows that the presence of boron carbide causes a marked decrease in gamma dose intensity.

The curve which represent in Fig. 3 show that for $Z = 5$ and 15 cm (i.e. inside water layer) the attenuation behaviour is approximately the same and the rate of depression in dose intensity has a maximum value at R distance between 5 and 15 cm. This could be due to the large decrease in the number of scattered thermal neutrons and primary gamma photons with increasing shield thickness. It can be also noticed that the attenuation behaviour gamma dose distributions is approximately the same for $Z = 5$ and 15 cm. Which means that there is no appreciable difference between the number of scattered gamma photons and neutrons along the side direction within the water layer especially for values of $R > 15$ cm. These curves also show that there is a large difference in dose intensity measured (at certain value of R) at $Z = 15$ and 38 cm. This is due to the good attenuation of iron shield for gamma rays. It can be also noticed that the decrease in dose intensity is approximately the same for all values of R. The rate of depression in gamma dose intensity decreases with increasing Z. Also, they show that the decrease in gamma doses due to the presence of boron carbide in iron, causes a large decrease in the gamma dose intensity within the next layer of ordinary concrete. This is due to the high absorption of thermal and slow neutrons with ^{10}B through the (n,α) reaction. In addition, the absorption of neutrons by ^{10}B decreases the number of slow and thermal neutrons in the first layer of concrete shield. This in turn decreases the number of gamma rays emitted from capture of thermal neutrons.

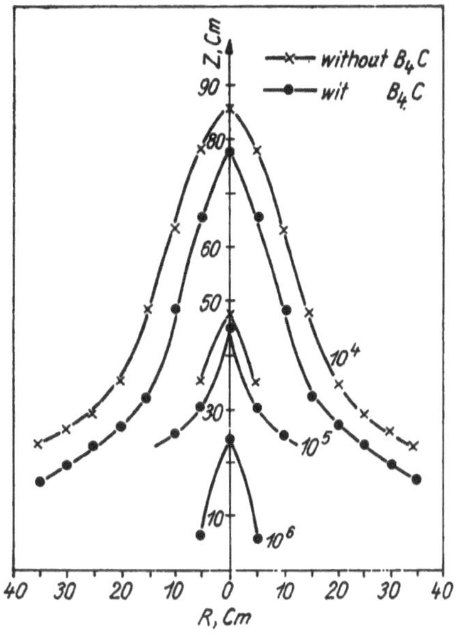

Fig. 4. Isodose curves for gamma dose distribution in laminated shield of water, iron, iron + B_4C and ordinary concrete using a beam of reactor radiations

Fig. 4 represents a group of isodose curves which are constructed from the Fig. 3. Comparison between the isodose curves shows that the presence of boron carbide within the iron layer causes a marked decrease in concrete thickness required to attenuate the gamma dose by a certain value.

b) *Determination of relaxation lengthe for infinite plane monodirectional source in ordinary concrete*

The value of relaxation lengths from the measured results of gamma doses distribution inside ordinary concrete which represent in Fig. 2 according to the method described by *Kazansky* [10].

The derived values of total gamma doses relaxation lengths for disc collimated bean and infinite plane monodirectional source are tabulated in Tab. 1.

Tab. 1. Relaxation lengths for gamma rays in ordinary concrets

Shield type	Relaxation lengths, cm	
	Disc collimated beam	Infinite plane monodirectional source
water, iron and ordinary concrete	15·36	30·6
water, iron + B_4C and ordinary concrete	20·13	21·66

Conclusion

1) The decrease in dose intensity with increasing the shield thickness follows an exponential way especially in concrete layers and for all values of R. It was noticed also that the rate of depression decreases with increasing the R distances.
2) Addition of 1 cm layer of boron carbide in iron thermal shield causes a decrease in dose intensity at all positions within the concrete layer. The decrease increases with increasing the concrete thickness. This will in turn cause a decrease in the amount of heat generated in biological concrete shield.

Received December 14, 1983

References

[1] *B. T. Price, C. C. Harton, K. T. Spinney*, Radiation Shielding. Pergamonpress, Inc., New York 1957
[2] *H. Goldstein*, Fundamental Aspects of Radiation Shielding,
[3] *S. Glasstone*, Principles of Nuclear Reactor Engineering. MacMillan and Co., Ltd., London 1955
[4] *R. G. Jaeger*, Engineering Compendium on Radiation Shielding. Vol. II, Shielding Material, Inc., New York 1976
[5] *C. R. Tipton*, Reactor Hand Book Materials, Vol. I., Inc., New York 1960
[6] *M. Abdel-Razek* et al., The affect of Cylindrical Air Filled Ducts in Ordinary Concrete on the Distribution of Fast-Neutrons from Accolimated Beam. U.A.R. AEE. Rep. 146 (1967)
[7] *R. M. Megahid, A. S. Makarious, M. A. El-Kolaly*, Ann. Nucl. Eng. 8 (1981) 79
[8] *C. K. Beck*, Nuclear for Research, The Geneva Sieres on Peaceful Uses of Atomic Energy, pp. 218 (1957)
[9] *E. E. Byarngord, D. Janes*, Proc. of Symp. and Solid state and Chemical Radiation. Dosimetry in Medicine and Biology, IAEA, Vienna 1967
[10] *Y. A. Karansky*, Physical Research in Reactor Shielding. A Ionizdat, Moscow 1966

Isotopenpraxis **20** (1984) 11, S. 422 bis 425

Application of SSNTD for Brazed Bond Technology of High Temperature Ni-Base Alloys

F. Myšák, M. Krejčí, J. Hakl, E. Smrkovský

(National Research Institute for Materials Prague)[1])

Alpha-autoradiography using solid state nuclear track detectors (SSNTD) severaltimes has approved its ability for evidence of presence, distribution and concentration of alpha emitters. This method was utilized for verification of brazed bond technology of high temperature Ni-base alloys. For bonding has been used the brazing metal of a silimar chemical composition to the base material with addition of 2,5 – 3% of boron. Main factors influencing the quality of bonds have been studied, i.e. width of bonding gap, post-bond annealing and heating time.

Die Alpha-Autoradiographie, bei der Festkörper-Spurdetektoren (FSD) eingesetzt werden, hat wiederholt ihre Eignung für den Nachweis des Vorhandenseins, der Verteilung und der Konzentration von Alphastrahlern nachgewiesen. Dieses Verfahren wurde zur Prüfung der Technologie der Hartlötverbindung von Hochtemperaturlegierungen auf Ni-Basis eingesetzt. Zum Hartlöten wurde ein Lot mit einer der des Grundmaterials ähnlichen chemischen Zusammensetzung, dem 2,5 bis 3% Bor zugesetzt war, verwendet. Die wichtigsten Faktoren, die die Qualität der Verbindungen beeinflussen, wie die Fugenbreite, der Prozeß des Diffusionsglühens nach dem Löten und die Erwärmungszeit, wurden untersucht.

Keywords

annealing; autoradiography; borides; boron; brazing alloys; dielectric track detectors; Ni base alloys

Introduction

Low atomic number of boron causes that boron is a very difficult detectable element even when using the X-ray microanalyzer. On the other hand, it is an element which has a very significant influence on the structure and properties of metals even in a very low concentration. Alpha-autoradiography using solid state nuclear track detectors (SSNTD) is therefore a very useful method in material research, as it makes possible to study the boron distribution and concentration. In the radioisotope laboratory of the National Research Institute for Materials Prague (SVÚM) we used this method, in co-operation with the material specialists, to optimize the heat treatment conditions of brazed bonds of Ni-base alloys.

The nickel superalloys, used for construction of most thermally and dynamically stressed components of gas turbines, are noted for their high thermal stability, but — on the other hand — a very poor weldability. For joining simple elements made of these materials into greater units many welding procedures were developed, but still exist problems with bond cracking [1]. To eliminate this risk, special brazing methods have been developed. The formerly used types of brazing metals based on precious metals (Au; Pd), were replaced by the alloys of chemical compositions similar to those of the joined materials. For melting of the brazing metal at a temperature under the fusing point of the base material the chemical composition of the brazing alloys is modified by the addition of suitable depressant effectively reducing the liquidus temperature. Beside other elements (e. g. Mn, Si, Nb), boron seems to be the most applicable depressant [2]. This type of brazing metals was therefore studied by SSNTD.

[1]) Address: Opletalova 25, ČS 113 12 Praha 1, ČSSR

Experimental arrangement and results

In the usual way of brazing hard boride phases appear in the bond, which reduce the quality and properties of the bond. Occurrence of these phases can be minimized by a suitable bond technology (e.g. width of the bonding gap, bonding temperature, dwell period) or by the post-bond annealing. The aim of our experiments was to find a relation between the dissolution of boride phases and the heat treatment of the bond.

In the experiments there were used cylindrical samples of 7,5 mm in diameter made from the alloy LVN-10 (Ni-Cr 12-Mo 5-Al-Ti-Nb); these specimens were butt-bonded with Ni-brazing alloy CM-53 (Ni-Cr 7-Fe 3-Si 5-B3). The bonding was carried out in an annealing furnace in the vacuum of about 10^{-2} Pa at a temperature of 1060 °C for 20 min. A series of samples was divided into 6 groups with different bonding gaps — from 0·02 up to 0·12 mm. Some of brazed samples were left untreated (initial stage), the majority of them were diffusion annealed for dissolution of the undesired hard phases at the temperatures of 950, 1000, 1050 and 1100 °C. The heating intervals were 0·5; 1; 2; 4; 8; 16 and 24 hours. After annealing the samples were cut along the longitudinal axis (perpendicularily to the bond) and both halves were ground and polished. One half of each sample was used for metallographic evaluation, the second one for autoradiographs.

Exposition of autoradiographs was made in reactor SR-0 in Plzeň at the neutron flux of 10^9 neutrons per cm^2 for 2 min. Cellulose nitrate foils Kodak LR 115 were utilized as SSNTD and exposed foils were etched in 2,5 N KOH at 50 °C for 3 h [3].

Processing and evaluation of autoradiographs and microstructures

From evaluation of microstructures in the bond area in optical microscope it was possible to say that in the initial stage specimens (i.e. brazed without diffusion annealing) there were in all cases characteristic eutectic configurations concentrated predominantly in the bond axis, where they formed coarse and fine islets. On the boundary between the base material and the bonding metal globular chains of similar phase configurations occurred. These morphological features may be found in all specimens of "initial stage", differing only in the width of the bonding gap. The differences are in the volume fraction of separated phases in the bond — the wider is the bonding gap, the greater is the volume of deposited eutectic. The observations were completed with the evaluation of autoradiographs, showing the whole extent of the diffusion zone to which during the brazing and annealing boron had diffused [3, 4]. The following Fig. 1—6 (initial stage of samples from alloy LVN-10 with different bonding gap) illustrate the influence of the bonding gap on the character and volume fraction of the eutectic phase.

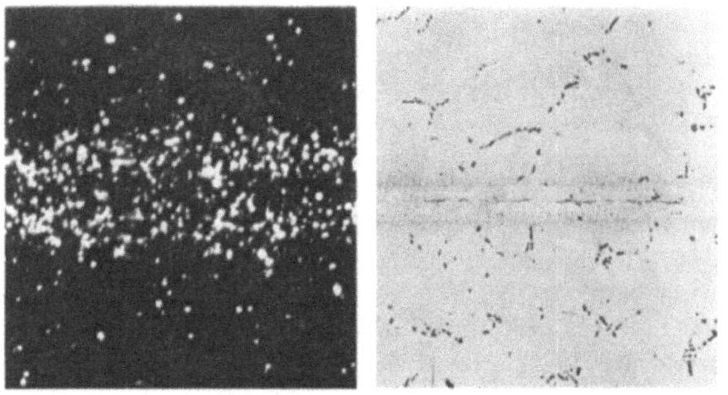

Fig. 1. Autoradiograph and microstructure of material LVN-10; initial stage, bonding gap 0·02 mm

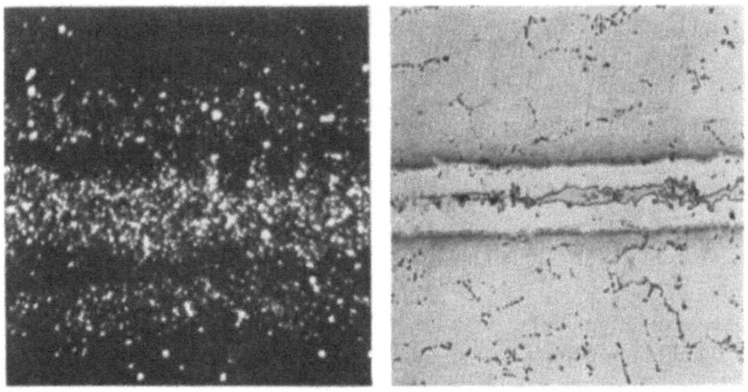

Fig. 2. Autoradiograph and microstructure of material LVN-10; initial stage, bonding gap 0·04 mm

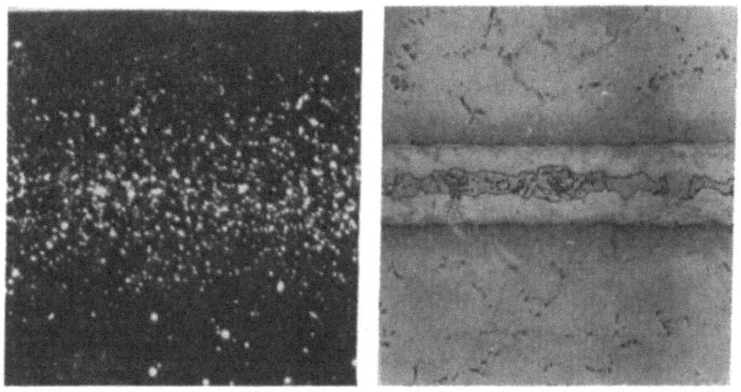

Fig. 3. Autoradiograph and microstructure of material LVN-10; initial stage, bonding gap 0·06 mm

It could be seen that a significant decomposition of boride phases took place during annealing at 1050 °C and especially at temperature 1100 °C. Therefore, for illustration of the borides decomposition, we selected a series of samples with bonding gap of 0·08 mm and the heat treatment at temperature 1100 °C for one to 24 h (Fig. 7—12). These figures show the successive eutectic decomposition in the central part of bond, when e.g. after a 4 h dwell on temperature the only rests of brittle phases are in the

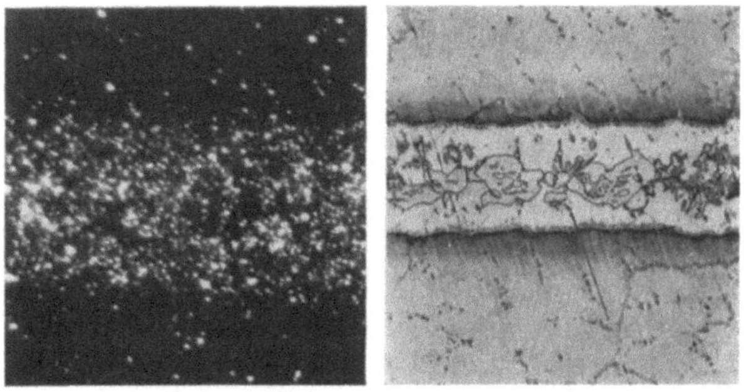

Fig. 4. Autoradiograph and microstructure of material LVN-10; initial stage, bonding gap 0·08 mm

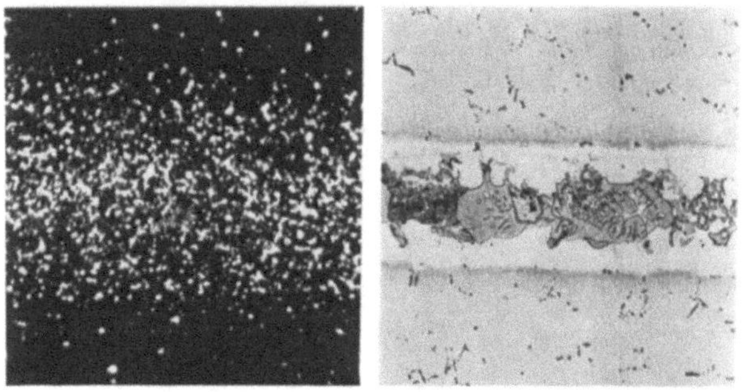

Fig. 5. Autoradiograph and microstructure of material LVN-10; initial stage, bonding gap 0·10 mm

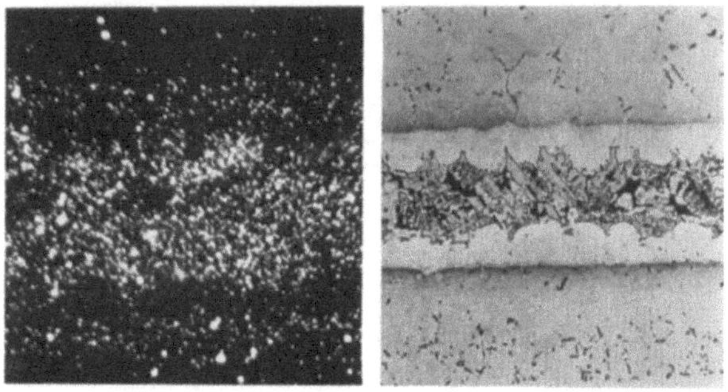

Fig. 6. Autoradiograph and microstructure of material LVN-10; initial stage, bonding gap 0·12 mm

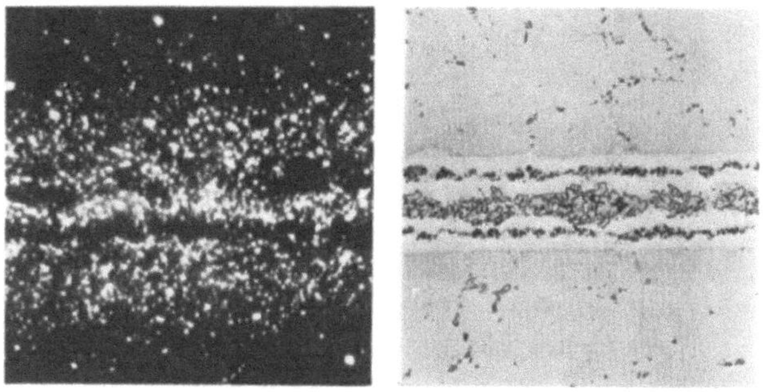

Fig. 7. Autoradiograph and microstructure of material LVN-10; post bond annealing 1100 °C for 1 h

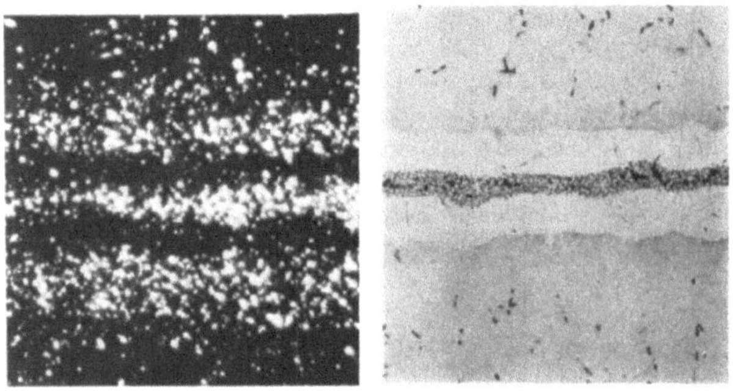

Fig. 8. Autoradiograph and microstructure of material LVN-10; post bond annealing 1100 °C for 2 h

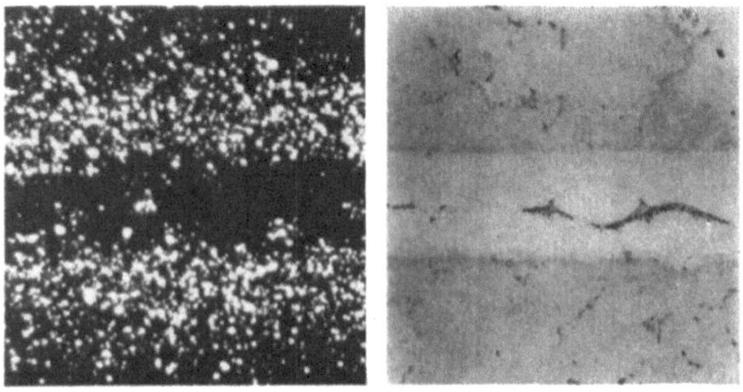

Fig. 9. Autoradiograph and microstructure of material LVN-10; post bond annealing 1100 °C for 4 h

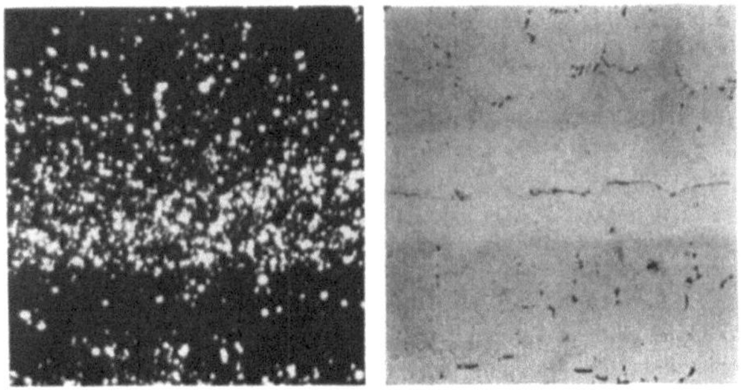

Fig. 10. Autoradiograph and microstructure of material LVN-10; post bond annealing 1100 °C for 8 h

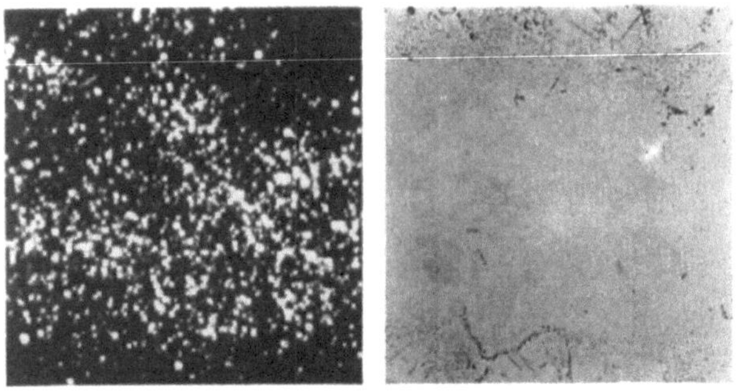

Fig. 11. Autoradiograph and microstructure of material LVN-10; post bond annealing 1100 °C for 16 h

bond axis. After 24 h annealing the bond structure is formed only by a homogeneous solid solution without other phases. The figures also show that concurrently with the decomposition of borides in inner part, intensive migration of boron towards base material proceeds at the boundary base material — brazing metal.

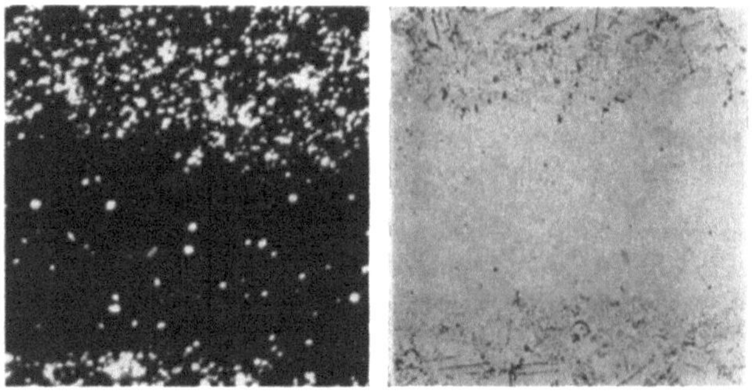

Fig. 12. Autoradiograph and microstructure of material LVN-10; post bond annealing 1100 °C for 24 h

Photometric evaluation of autoradiographs

For the objective evaluation of boron diffusion processes from the bond area into the base material in dependence on the annealing temperature and the time interval, we made photometric measurements using a microdensitometer MARK 3 CS (Joyce Loebl). A slot 0.01 × 1 mm and enlargement 200 were used (the same enlargement as for autoradiographs and microstructures in the microscope).

Photometric records in accord with the optical evaluation of autoradiographs on samples of initial stage exhibit an pronounced peak corresponding to boron concentration in the bond axis and two smaller peaks in the close vicinity of the boundary between the base material and the brazing metal. With successive decomposition of eutectic inside bond the central peak decreases, while the lateral peaks remain practically unchanged. Only after the boride phases inside the bond are completely decomposed by annealing, diffusion of boron proceeds through the boundary towards the base material, leading to a decrease of the lateral peaks and their simultaneous broadening.

As a criterion for the relative change of the boron concentration we have chosen the ratio between the average height a, b of the lateral peaks and the height c of the central peak (Fig. 13), parameter Δk_B:

$$\Delta k_B = \frac{\frac{a+b}{2}}{c} = \frac{a+b}{2c}$$

The values of Δk_B, determined in all cases from three measurements, are given in Tab. 1. (Several data are missing, as some specimens were damaged during the experiments.)

Tab. 1. Parameter Δk_B in dependence on annealing temperature and interval

annealing interval h	annealing temperature, °C				
	initial stage	950	1000	1050	1100
	Δk_B	Δk_B	Δk_B	Δk_B	Δk_B
0.5		0.68	0.92	—	—
1		0.77	—	—	0.57
2		0.65	0.77	0.95	0.66
4	0.75	0.60	0.95	1.13	5.96
8		0.62	0.77	—	∞
16		—	0.69	1.68	∞
24		0.62	1.51	5.09	∞

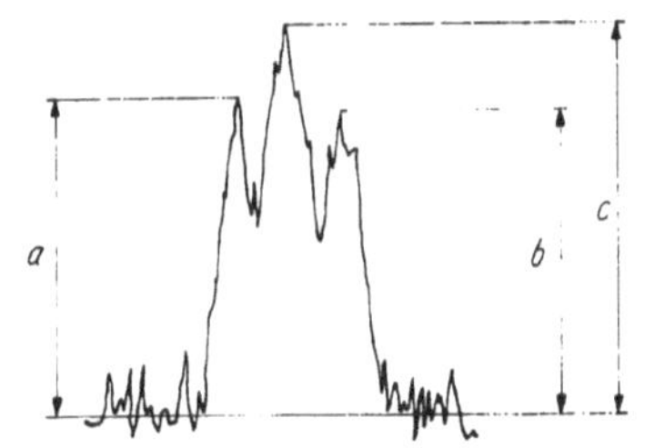

Fig. 13. Scheme of parameters measured on photometric curve

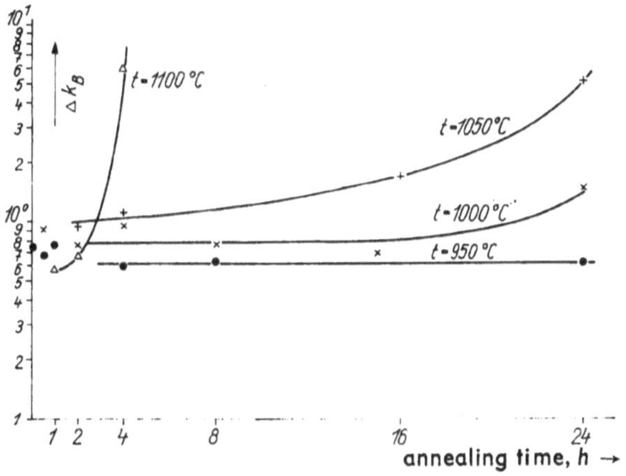

Fig. 14. Parameter of boron concentration change Δk_B in dependence on annealing temperature and time interval

The value of parameter Δk_B characterizes the decomposition degree of boride eutectic in the bond area. For the initial stages, lower temperature and short-time annealing, this parameter is smaller than unity; its increase indicates successive decomposition of hard boride phases. Their vanishing inside the bond makes this parameter tend to infinity. For better illustration the parameter Δk_B is also shown graphically (Fig. 14).

Conclusion

Alpha-autoradiography using SSNTD permits to trace and represent the boron diffusion kinetics in a simple and reliable manner. At the study of factors influencing the brazed bond quality in high temperature Ni-alloys, it significantly contributed to optimization of the brazing technology and of the heat treatment conditions.

Suitable brazing technology, which resulted from our experiments [3, 4], would be:

a) The bonding gap has to be as narrow as possible for resulting small volume fraction of hard boride phases, but wide enough for the brazing metal to leak well in, so that no discontinuities occur.

b) Suitable diffusion annealing temperature for the investigated alloy LVN-10 is 1050 °C or more and dwell on this temperature should be at least 8 hours.

Received September 14, 1983
Accepted in revised form November 7, 1983

References

[1] *J. Hakl, J. Douda, F. Hnilica, E. Smrkovský*, Several material problems in development of cooled turbine blades (*in Czech*) Report of SVÚM Prague Nr. Z-78-3963 (1978)
[2] *D. S. Duvall, V. A. Owczarski, D. F. Paulonis*, TLP Bonding – a new Method for Joining Heat Resistant Alloys, Welding Journal **53** (1974) 203
[3] *F. Myšák, M. Krejči, B. Menclová*, Application of alpha-autoradiography for brazed bond technology of high temperature Ni-base alloys (*in Czech*) Report of SVÚM Prague Nr. Z-82-4718 (1982)
[4] *J. Hakl, E. Smrkovský*, Material research of turbine engine heat parts (*in Czech*) Report of SVÚM Prague Nr. Z-82-4733 (1982)

Isotopenpraxis **20** (1984) 11, S. 425 bis 428

Effect of Heating and Radiation Treatment on Enzymatic Hydrolysis of Cellulosic Waste

M. Kumakura, I. Kaetsu

(Takasaki Radiation Chemistry Research Establishment, Japan Atomic Energy Research Institute, Takasaki, Gunma, Japan)

Effect of heating and radiation treatment on the enzymatic hydrolysis of chaff was studied, in which irradiated chaff was hydrolyzed after heating treatment without crushing. The combination treatment of irradiation and heating accelerated the rate of the enzymatic hydrolysis owing to the increase of accesibility of cellulose to enzyme, resulting from the degradation of the tissue of chaff. The degradation of the tissue was accelerated by heating at temperatures above 100 °C after irradiation.

Die Wirkung von Wärme- und Strahlungsbehandlung auf die enzymatische Hydrolyse bei Häcksel wurde untersucht. Die Kombination von Strahlungs- und Wärmebehandlung beschleunigte die enzymatische Hydrolyse infolge des erleichterten Zugangs der Zellulose zum Enzym, der sich aus der Degradation des Häckselgewebes ergab. Die Degradation des Gewebes wurde durch Erhitzung auf Temperaturen über 100 °C nach der Bestrahlung beschleunigt.

Keywords

biological wastes; cellulose; heat treatments; hydrolases; hydrolysis; radiolysis; waste processing

Introduction

Cellulosic wastes containing lignocellulose represent one of the largest potential biomass resources for future energy. One of the most publicized approaches to biomass utilization is enzymatic hydrolysis of these wastes to low molecular compounds such as glucose that can serve as substrates for fermentation to alcohol. Most of agricultural residues consist of highly crystalline cellulose associated in a matrix with lignin, hemicellulose, other substances, so that the rate of the enzymatic hydrolysis is delayed. To incrase the enzyme accessibility and the rate of hydrolysis, pretreatment was the most important subject among the processes. During the past few years, various methods containing chemical treatments and mechanical milling have been tried to increase enzymatic hydrolysis accesibility [1 – 7]. Mechanical milling has been shown to be an usefull pretreatment method which is effective on the disruption of crystalline cellulose materials [7]. However, a major drawback has been that it requires very long times and large energy inputs to destroy the lignocellulosic structure and to reduce the crystallinity of cellulose.

We have studied the effects of irradiation of cellulosic wastes such as rice straw, chaff, sawdust, and newspaper [8 – 10]. In this work, the effect of heat treatment on irradiated cellulosic waste such as chaff and subsequent enzymatic hydrolysis was studied.

Experimental

Irradiation with electron beam accelerator

Chaff was used as cellulosic waste. Electron beam accelerator used was a Dynamitron IEA-3000-25-2, in which electron beam acceleration voltage and current were 2 MV and 5 mA, respectively. The sample (thickness 1 – 1·5 cm) packed in polyethylene bag was irradiated in air atmosphere with a belt-conveyer irradiation-equipment. The sample plate (support) on the belt used the wire net (2 mesh) made by stainless steel. The distance between the electron beam window of the accelerator and the surface of the belt-conveyer was 20 cm, and the speed of the beltconveyer was fixed at 2·26 m/min. By movement of the belt-conveyer doses were given in increments of 50 kGy.

Heat treatment

Irradiated samples were charged into a glass tube and heated at various temperatures with an oil bath.

Enzymatic hydrolysis

For enzymatic hydrolysis of the samples, 1·0 g sample was charged in flask containing 9 ml of 0·5% cellulase solution and reacted at 40 °C for 48 h. The cellulase used was Onozuka R-10 (Yakult Mfg. Co., Ltd) and dissolved in 0·1 M acetate buffer solution, *p*H 4·5. The glucose formed was analysed with a glucose-specific reagent, "GODPODLK", from Nagase Sangyo Co., Ltd. Glucose yield (%) was expressed as the ratio of glucose to sample quantiy.

Results and discussion

Enzymatic hydrolysis of chaff treated by irradiation and heating

The enzymatic hydrolysis of chaff treated by irradiation and heating was carried out, and the difference between un and treated chaff was examined. Fig. 1 shows the relationship between glucose yield and hydrolysis time. As hydrolysis time increased, the glucose yield in the treated chaff increased markedly but that in untreated chaff was constant. This result indicates that the treatment of irradiation and heating accelerates the rate of the enzymatic hydrolysis. The untreated chaff was not hydrolyzed by the enzyme, indicating that the enzyme can not attack to the tissue of chaff since the tissue of chaff consists of the network structure of cellulose, hemicellulose, lignin,

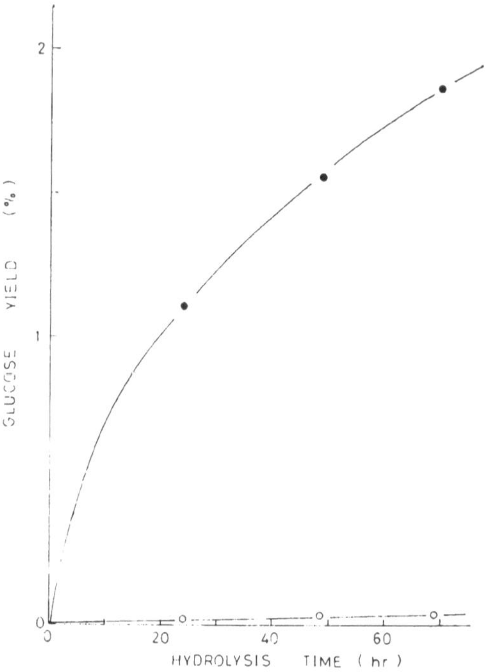

Fig. 1. Relationship between in enzymatic hydrolysis of chaff treated by irradiation and heating
● – treated chaff (heating temperature 150 °C; irradiation dose 300 kGy); ○ – untreated chaff

and silicates. The high glucose yield in treated chaff suggests that the network structure in chaff are broken by irradiation and heating, and the enzyme can easily invade into the tissue of chaff to hydrolyze cellulose molecular chains. In this work, to study the effect of irradiation and heating, chaff was heated after irradiation and then was hydrolyzed without crushing treatment. According to the result in Fig. 1, it was found that the combination treatment of irradiation and heating has the same effect as the crushing treatment for cellulosic waste such as chaff.

Relationship between glucose yield and heat treatment time

Relationship between glucose yield and heat treatment time in un and irradiated chaff is shown in Fig. 2. The glucose yield in irradiated chaff increased considerably with increasing treatment time, but that in unirradiated chaff shew a slight increase with increasing treatment time. This indicated that irradiation affects markedly the subsequent degradation by heating. The irradiation action in solid substance such as chaff plays as a formation of active species at primarly stage, in which various radicals would be formed on the cellulose, hemicellulose, and lignin molecules. However, the result in Fig. 2 show that these species lead to the degradation of cellulose molecular chains by heating owing to a secondary action. Such a secondary action appeared to be increased by increase of heat treatment time. In general, it is known that cellulose consists of the hydrolyzing enzyme of two kind; C_1 and C_x activity, hydrolyzing enzyme (cellulase) by a multi-step process containing a complex reaction. Therefore, to increase the accesibility of cellulose to enzyme, it was very important to increase the surface area of cellulosic wastes by pretreatments such as mechanical crushing. In the enzymatic hydrolysis of cellulosic materials, the enzyme should invade into the tissue of the materials to react with the cellulose molecular chains. The degradation of the cellu-

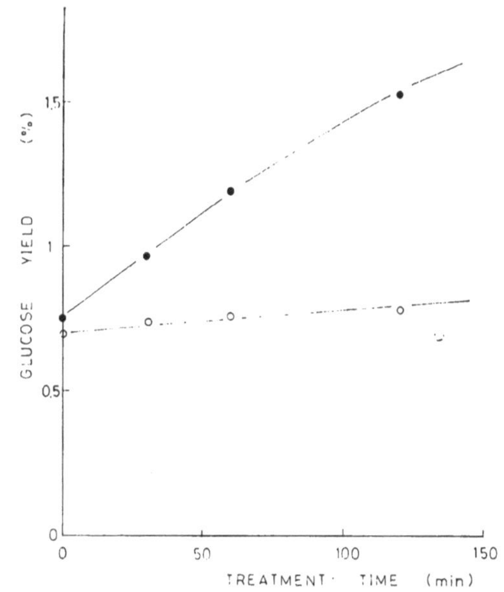

Fig. 2. Relationship between glucose yield and heat treatment time in un and irradiated chaff

heating temperature: 120 °C; ● – irradiated chaff; ○ – unirradiated chaff

lose molecular chains and/or the decrease of the crystallinity of the cellulose by irradiation and subsequent heating seemed to be most effective.

Effect of heating temperature

Fig. 3 shows the relationship between glucose yield and heating temperature in chaff irradiated with 300 kGy. The glucose yield increased markedly at near about 100 °C with increasing temperature, indicating that the degradation of irradiated chaff proceeds at the high temperatures above 100 °C though the temperature of the degradation moght vary with irradiation dose. We have studied the relationship between degree of polymerization of cellulose and irradiation dose in irradiated pure cellulose [9]. It is proposed that the cellulose molecular chains in chaff irradiated with 300 kGy are considerably degraded to low molecular chains, in which the degree of polymerization of cellulose irradiated with 300 kGy decreased about one-twentieth of unirradiated cellulose though in irradiated chaff containing lignin and hemicellulose it was impossible to measure the degree of polymerization. Those cellulose molecular chains in irradiated chaff should be further degraded by heating and then would be hydrolyzed with a greater hydrolysis rate by the enzyme.

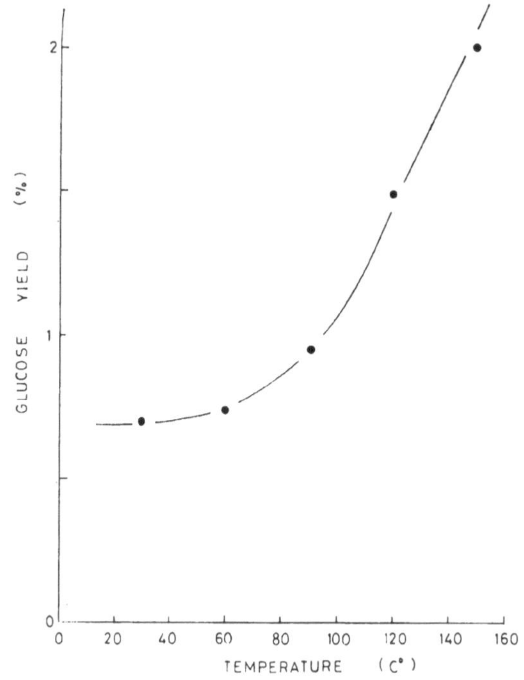

Fig. 3. Relationship between glucose yield and heating temperature in irradiated chaff

rradiation dose: 300 kGy; heat treatment time: 60 min

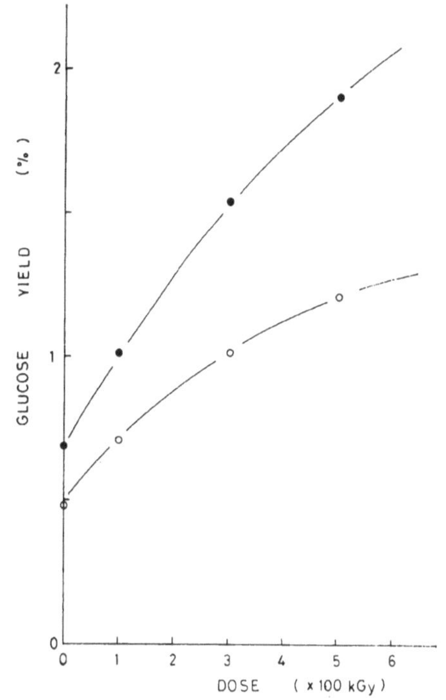

Fig. 4. Relationship between glucose yield and irradiation dose

● – heat treated chaff at 150 °C; ○ – non heat treated chaff

Effect of irradiation dose

Effect of irradiation dose on the enzymatic hydrolysis was examined. The relationship between glucose yield and irradiation dose in un and heated chaff is shown in Fig. 4. The glucose yield in chaff heated after irradiation was higher than that in unheated chaff, though the glucose yield increased with increasing irradiation dose. The difference in the glucose yield between un and heated chaff increased with increasing irradiation dose, indicating that the degradation resulting from a secondary action by heating accelerates with increasing irradiation dose. Chaff is one of the most hardest samples among various cellulosic wastes, because chaff contains silicates of about 18% and the silicates are bound with cellulose, hemicellulose, and lignin [11]. For such a hard solid material, the combination treatment of irradiation and heating appeared to be very effective. The glucose yield in treated chaff obtained in the present method would more increase by combinating a mechanical crushing treatment.

Received November 16, 1983

References

[1] *N. Nesse, J. Wallick, J. Harper,* Biotechnol. Bioeng. **19** (1977) 323
[2] *M. Mandels, L. Hontz, J. Nystron,* Biotechnol. Bioeng. **16** (1974) 1471
[3] *D. Knappert, H. Grethlein, A. Converse,* Biotechnol. Bioeng. **22** (1980) 1449
[4] *C. R. Wilke, G. R. Cyweski, R. D. Yang,* Biotechnol. Bioeng. **18** (1976) 1315
[5] *J. N. Saddler, H. H. Brownell, L. P. Clermant, N. Levition,* Biotechnol. Bioeng. **24** (1982) 1389
[6] *Y. W. Han, W. P. Chen,* Biotechnol. Bioeng. **20** (1978) 567
[7] *T. H. Tassinari, C. F. Macy, L. A. Spano, D. Y. Ryu,* Biotechnol. Bioeng. **22** (1980) 1689
[8] *M. Kumakura, I. Kaetsu,* Int. J. Radiat. Isotopes **30** (1979) 139
[9] *M. Kumakura, I. Kaetsu,* Biotechnol. Bioeng. **24** (1982) 991
[10] *M. Kumakura, T. Kojima, I. Kaetsu,* Biomass **2** (1982) 309
[11] *T. Sasaki, Y. Sato, S. Nakagawa, M. Shiraishi, K. Kainuma,* Nippon Shokuhin Kogyo Gakkaishi **26** (1979) 523

Isotopenpraxis **20** (1984) 11, S. 428 bis 431

Gamma-Gamma Density Logging in Lignite Exploration*)

K. Kurtz, W. Lötzsch, R. Winkler

(VEB Geophysik Leipzig, BT Gommern)[1]

Design and specifications of a 4-channel logging tool for simultaneous measurement of natural gamma-radiation, caliper and scattered gamma-radiation from a ^{137}Cs source spaced 15 and 35 cm from detectors are described. The sonde has a diameter of 60 mm and can be applied in wells with diameters of 76 to 350 mm. It is pressed to the sidewall during measurement. The determination of formation density from data measured with the two spacings is demonstrated by two examples considering perturbation parameters as borehole diameter, mud density, and the medium between tool and borehole wall.

Es werden die Konstruktionsprinzipien und die Einsatzparameter einer 4kanaligen Bohrlochmeßsonde zur gleichzeitigen Messung der natürlichen radioaktiven γ-Strahlung, des Kalibers der Bohrung und der rückgestreuten γ-Strahlung einer ^{137}Cs-Strahlungsquelle mit 15 und 35 cm Abstand zwischen Quelle und Detektor vorgestellt. Mit 60 mm-Außendurchmesser ist die Sonde in Bohrungen von 76 bis 350 mm Durchmesser einsetzbar; sie wird während der Meßfahrt an die Bohrlochwand angedrückt. Die Auswertemöglichkeiten der beiden Sondenlängen zur Bestimmung der Gebirgsdichte unter dem Einfluß von Störparametern wie Bohrlochdurchmesser, Spülungsdichte und Zwischenmedium zwischen Bohrlochsonde und Bohrlochwand werden dargestellt und an zwei Meßbeispielen erläutert.

Keywords

boreholes; exploration; gamma-gamma-logging; geophysical surveys; geophysics; lignite; well logging

One of the main well logging techniques among several others in lignite exploration is the gamma-gamma measurement used for formation density determination. As it is the case with other indirect measuring methods the relation between density and measured data is influenced by several internal and external perturbation parameters. This problem has been discussed formerly [1].

To these perturbation parameters belong the internal ones $(Z/A)_{eff}$ and Z_{eff} as well as the external perturbation parameters borehole diameter, mud density, layer thickness, thickness and density of a possible intermediate layer between tool and borehole wall, and the natural gamma-radiation.

Principally, it seems possible to eliminate numerically such distortions of formation density derived from gamma-gamma measurements, if the magnitude of these parameters and the degree of influence on the measured data are known. In order to minimize the respective uncertainties it is necessary to develop special optimized logging tools.

The gamma-gamma sondes KAS-76 and KAS-60 hitherto used in lignite exploration in the GDR, have been presented at the 23rd Geophysical Symposium in 1978 [2].

Detailed investigations have shown that these tools are quite well suited for formation density evaluation, but their design proved as being not optimal. It was shown that the influence of external perturbation parameters can be reduced by a changed configuration of source, detector, screening and spacing.

As a consequence of these investigations the new sonde 2GGS-60 was developed which has the following four measuring channels (Fig. 1):

— caliper, one-arm device which is also used for pressing the sonde to the side-wall;
— gamma, scintillation detector with NaJ(Tl) crystal (25 mm diameter, 100 mm length); the measuring value is not distorted by the gamma-ray source of the gamma-gamma section of the tool;
— gamma-gamma, 2-channel, source ^{137}Cs of ca. 740 MBq (20 mCi), 2 NaJ(Tl) scintillation detectors, spacings of 35 and 15 cm; source and detectors are positioned excentrically, and are screened on the free side.

Against the former types the new sonde 2GGS-60, is distinguished by shorter spacings and the 2-channel configuration of the gamma-gamma section. The advantages arising therefrom are:

— improvement of density resolution over the total density range
— improvement of layer resolution
— reduction of borehole diameter effects

*) Presented at the 28th International Geophysical Symposium 28. 9. – 1. 10. 1983 in Balatonszemes, Hungary

[1]) Address: 3304 Gommern, Magdeburger Chaussee

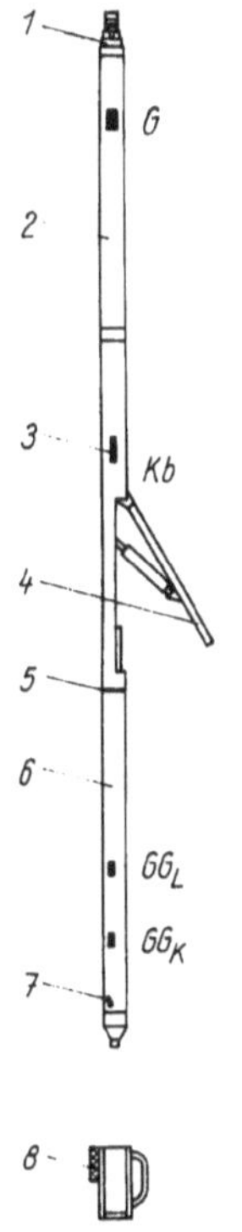

Fig. 1. Schematic view of the sonde 2GGS-60
1 – cable connexion; 2 – gamma- and caliper-electronics; 3 – caliper measuring device; 4 – caliper arm; 5 – connexion; 6 – gamma-gamma-electronics; 7 – gamma-ray source; 8 – transport screen

– correctability of the effects of intermediate layers by means of combining the two gamma-gamma channels without knowledge of thickness and density of these layers.

The sonde 2GGS-60 has a diameter of 60 mm and a length of 2·82 m. It is usable under the following conditions:

– maximum depth 1500 m
– maximum hydrostatic pressure 20 MPa
– operation temperature 263 to 313 K (–10 °C to +40 °C)
– well diameter 76 to 350 mm
– formation density 1·0 to 3·0 g/cm³.

The sonde is pressed to the side-wall by means of the caliper arm positioned in the middle of the tool's body. The arm's mechanism is of such a design that the pressure force is kept constant (ca. 80 N) over the whole range of admissible well diameters. The arm is released when the final depth is reached, and it is fixed manually outside the well.

The sonde may be unscrewed in two independent units, the upper of which is the gamma-ray unit and the lower one the gamma-gamma. Both units are electrically connected by means of slipring contacts.

The relatively low activity of the ^{137}Cs source permits its permanent stay within the tool. This yields excellent stability and reproducibility of measurements.

During handling and transport of the sonde the radiation is screened by a lead cover which is pushed over the lower part of the sonde. This transport screen is removed just before inserting the tool into the well, and it is fixed again after recover and cleaning of the tool.

The exposure rate at the handling grip is 35 μSv/h (3·5 mrem/h), and in a distance of 20 cm the maximum exposure rate is 65 μSv/h (6·5 mrem/h). When orderly handled in assumed 20 sorties a week the possible exposure will remain below 0·2 mSv (20 mrem), i.e. a fifth of the weekly tolerance exposure.

The operation of the sonde requires 4-wire armoured cable. Power supply is accomplished with constant current of 100 mA. Both units of the sonde are connected in series. Pulse transmission needs two conductors, one for gamma-ray and caliper, and the other one for the two-gamma-gamma channels.

Treatment of pulses as well as of the data from the three nuclear channels is implemented by means of integrated circuits. The discriminator level is fixed at 60 keV for all three channels. The caliper system is fitted with a wear-resistant, inductive displacement pick-up. Its output is converted into a pulse series; the frequency of which changes linearly with the well diameter.

All electronic circuitry is made as printed circuits.

Comprehensive measurements in models have been made to recognize external perturbation parameters affecting gamma-gamma data measured with both spacings. The results of these studies were used to develop a suitable technique of data treatment.

The scheme presented in Fig. 2 shows the steps of gamma-gamma data evaluation leading to the wanted formation density. The hitherto gained experiences have shown that a quantitative density determination is possible in wells with diameters of up to 350 mm and for densities of up to 3 g/cm³. The steps of data evaluation may be realized by computer or by means of diagrams. The full exploitation

primary data	$I_{L,0}$	$I_{K,0}$
nat. γ-radiation correction	$I_L = I_{L,0} - a_L I_\gamma$	$I_K = I_{K,0} - a_K I_\gamma$
layer thickness correction	$I_{L,\infty} = \varphi_L(I_L, h, v \cdot \tau)$	$I_{K,\infty} = \varphi_K(I_K, h, v \cdot \tau)$
normalized to water	$I_{L,r} = \frac{I_{L,\infty}}{I_{L,W}}$	$I_{K,r} = \frac{I_{K,\infty}}{I_{K,W}}$
evaluation of apparent density	$\varrho^*_{0,L} = f_L(I_{L,r})$	$\varrho^*_{0,K} = f_K(I_{K,r})$
L-K-correction	$\varrho^*_0 = F(\varrho^*_{0,L}\,;\,\varrho^*_{0,K})$ $\Delta\varrho^* = \varrho^*_0 - \varrho^*_{0L}$	
mud density correction	$\varrho^*_{0,M} = \varrho^*_0 + \Delta\varrho^*_M(d, \varrho_m)$	
borehole diameter correction	$\varrho^* = \varnothing(\varrho^*_{0,M}, d)$	

Fig. 2. Scheme for the evaluation of the gamma-gamma data

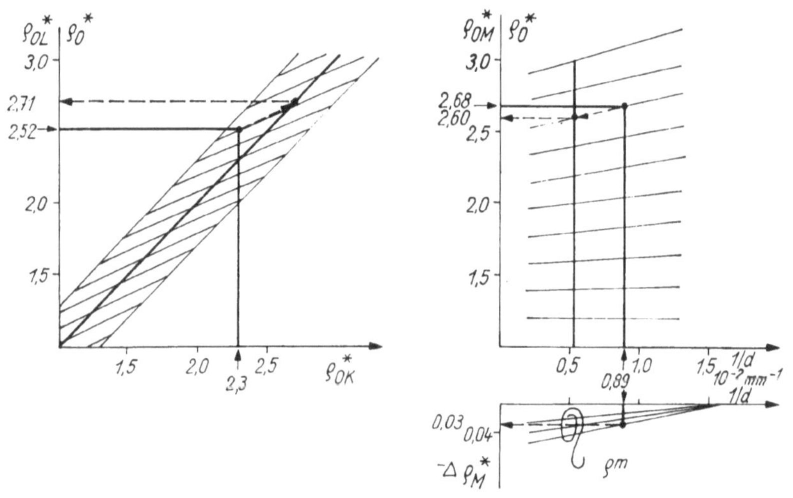

Fig. 3. Principle view of diagramms to evaluate the apparent density ϱ_0^* and to correct the influence of borehole diameter and mud density

of the information content of data seems possible only with digital recording and computer processing.

The steps of evaluation are the following: For each spacing and layer separately the influence of natural gamma-radiation is corrected, a layer thickness correction is done and apparent densities are determined. The last ones from both spacings are combined. The resulting values are corrected with respect to mud density and borehole diameter.

Fig. 3 shows principally some of the diagrams needed for data treatment. For computer processing there exist corresponding equations.

The primary data contain additive components of natural gamma-radiation which are corrected by means of the measured gamma-ray values. The layer thickness correction depends on the manner of recordings, that means at analog recording on the product of measuring speed and time constant.

For the recommended values of $v \cdot \tau = 0{\cdot}2$ m for spacing $L = 35$ cm and $v\tau = 0{\cdot}1$ m for $L = 15$ cm the achieved saturation values will be 99% if a layer thickness of 1·1 m for $L = 35$ cm is valid and 0·55 m for $L = 15$ cm. The determination of apparent densities for both spacings is accomplished with the aid of the relations obtained from model studies with a well diameter of 190 mm and water as flushing fluid. If the apparent densities from the both spacings don't agree, their correction must bei done according to Fig. 3.1. If the mud density differs from 1·0 g/cm³ and the well diameter from 190 mm, corrections must bei applied as it is shown in Fig. 3.2 and 3.3.

Fig. 4 presents an example from lignite well logging. In that case the logging unit KD 10 M was used for measurement, but recording was done by means of a computer. Both gamma-gamma curves and the derived density section reveal clearly the separation of thin layers.

Fig. 5 shows two gamma-gamma curves the measurement of which has been repeated immediately. The indicated deviations between the curves for both spacings will be corrected according to the a. m. scheme, thus yielding identical densities.

With this gamma-gamma configuration it is possible to attain a density resolution of 0·02 g/cm³ in practical cases, as it is also reported by other authors [3]. Obviously the longtime stability (over some weeks) is better than this density resolution value. We might assert that this value is a limit for density measurements in real boreholes by this method and that it is not possible to reach essential improvements. The design of the gamma part of this sonde may be characterised by gamma intensities in average clay horizons (Fig. 4) with e.g. 40 GE ≅ 12000 cpm, which give a standard deviation of 3% for a measuring speed of

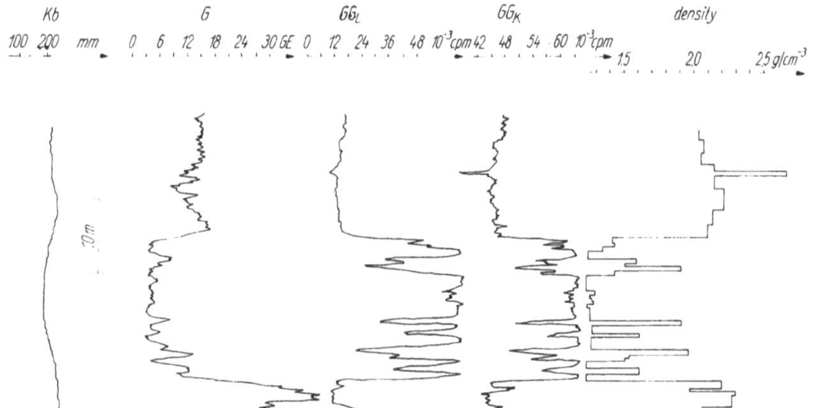

Fig. 4. Log example from a lignite well measured with 2GGS-60 and the evaluated density

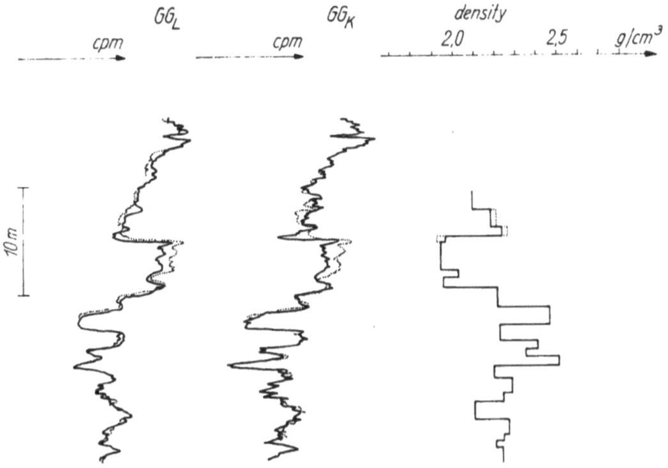

Fig. 5. Part of a log example with a repetition measurement and the evaluated density

4 m/min and a layerthickness of 0·4 m. The long time stability is better than 0·3%. The long time stability of the caliper device corresponds to a borehole diameter uncertainty of 0·5 mm, while the bigest errors arise between opening and shutting the arm. This accuracy is within ±2·5 mm; but only for correction purposes it is not necessary to make the construction more expensive.

In conclusion it can be stated that the sonde 2GGS-60 has several advantages, among which the abolishment of repetitive measurements and of calibrations in the field are of technological importance. The sonde is mechanically and electrically of such a stable and optimized design that with one measuring run at a speed of 4 m/min all wanted information can be obtained from the well. The full exploitation of information contained in the primary data requires digital recording and computerized evaluation.

Received November 7, 1983

References

[1] *W. Lötzsch, R. Winkler,* Isotopenpraxis **17** (1981) 396

[2] *W. Lötzsch, G. Smigiel, R. Winkler,* Well logging methods applied in lignite exploration. – Paper read at the 23. Geophysical Symposium, Varna 1978

[3] *J. A. Czubek,* Int. J. Appl. Radiat. Isot. **34** (1983) 153

Kurze Originalmitteilungen

Isotopenpraxis 20 (1984) 11, S. 431 bis 432

Авторадиография азота по трекам совпадений*)

А. А. Гусаков, В. М. Минаев, Г. Г. Рябова

(Московский инженерно-физический институт)[1])

Keywords

autoradiography; chemical analysis; neutron activation analysis; nitrogen

Первую попытку получения трековых авторадиограмм азота предприняли *Карпентер* и *Лафлер* [1]. Используемая ими ядерная реакция $^{14}N(n, p)^{14}C$, идущая на тепловых нейтронах, имеет достаточно высокое сечение —1,7 барна, энергия реакции составляет 0,627 МэВ, энергия получаемых протонов 0,534 МэВ. Из-за высокого фона, применяемого для регистрации протонов трекового детектора—нитрата целлюлозы, содержащего ~11% (по массе) азота, авторам работы не удалось получить картину распределения азота и они ограничились определением средней концентрации азота в образце. Чувствительность определения азота была низкой —1% (по массе).

В нашей работе протоны из реакции $^{14}N(n,p)^{14}C$ регистрировали при помощи безазотного детектора — ацетобутирата целлюлозы — АБЦ ($C_{12}H_{18}O_7$). Хотя чувствительность этого детектора недостаточна для регистрации отдельных протонов, так как критические потери энергии, определенные в нем по регистрации альфа-частиц, равны 1,2 МэВ см² мг⁻¹, имеются работы, в которых при высоких флюенсах регистрировали даже электроны [2]. Нами также было замечено, что при флюенсах протонов ψ больше 10^8 см$^{-2}$ в АБЦ-детекторе протравливаются наложенные друг на друга треки протонов.

Используя соотношение для плотностей треков из работы [3], получили зависимость между флюенсом протонов ψ, попавших на поверхность детектора, и плотностью наложенных треков ϱ:

$$\pi R^2(\psi - \varrho) = 1 - e^{-\pi R^2 \varrho}\,, \tag{1}$$

где R — половина максимального расстояния между треками протонов, когда они накладываются. Величина R, определенная из полученной экспериментально зависимости $\varrho(\psi)$, составила 0,25 мкм.

Методика анализа на азот, использующая треки наложения, была опробована на образцах сталей (см. рисунок). Облучение образцов нейтронами проводили в тепловой колонне реактора ИРТ-2000. Поток тепловых нейтронов составлял 2,9 · 10^{11} нейтр · см² с$^{-1}$. Кадмиевое отношение в колонне ~600 обеспечивало достаточно низкий фон треков от быстрых нейтронов. Вероятность образования фоновых треков была 1,1 · 10^{-9} трек. нейтр$^{-1}$. Для проявления наложенных треков протонов детекторы протравливали в 35%-ном водном растворе едкого калия при температуре 20 °С в течение 20 ч. Чувствительность

*) Доклад на XIII международном симпозиуме по авторадиографии, 2.–5. мая 1983 в Таборе, ЧССР

[1]) СССР, Москва, 115409, Каширское шоссе, дом 31

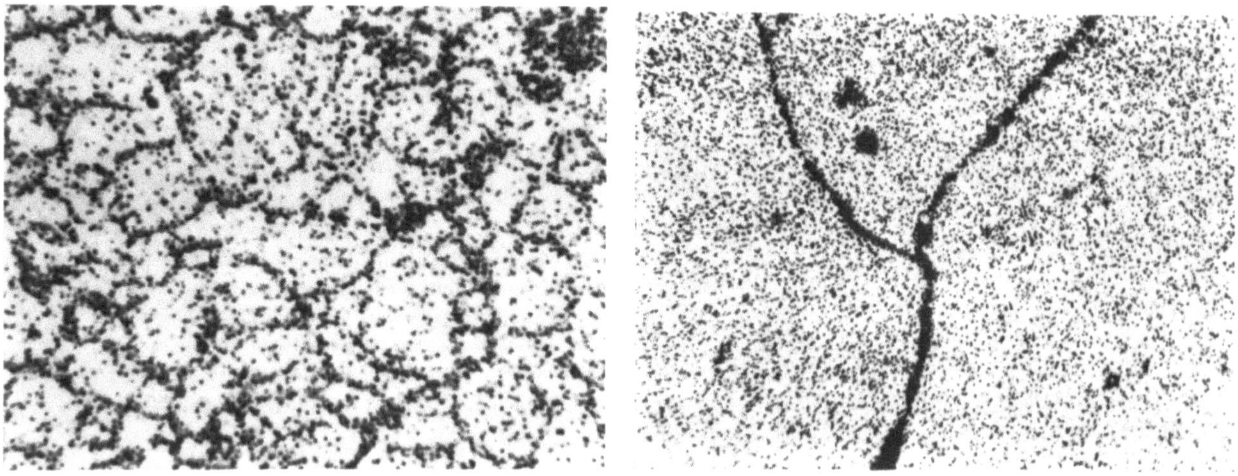

a b

Рис. 1. Трековые авторадиограммы распределения азота, × 500
а — сталь 1Х16Н15М3 с 0,9% (по массе) азота, $\varphi_n = 10^{15}$ см$^{-2}$ б — сталь 12Х1МФ с 0,04% (по массе) азота, $\varphi_n = 3 \cdot 10^{15}$ см$^{-2}$

определения азота 10^{-2}% (по массе), разрешение 2 мкм.

Концентрацию азота C (% по массе) в стали находили из соотношения

$$C = 2{,}1 \cdot 10^6 \psi \cdot \psi_H^{-1},$$

где ψ и ψ_H — флюенсы протонов и нейтронов соответственно, см$^{-2}$.

Численный множитель в приведенной формуле был расчитан для стали в предположении, что все протоны, попавшие в детекторы, могут образовать наложенные травимые треки.

Описанная методика позволяет определить азот в любых матрицах, кроме тех, в которых содержатся элементы, анализируемые в трековой авторадиографии: литий, бор, уран, плутоний. Случайное присутствие этих элементов в исследуемых образцах легко контролировать, поскольку треки альфа-частиц и более тяжелых продуктов ядерных реакций, идущих на мешающих элементах при облучении нейтронами, протравливаются в несколько раз быстрее, чем треки наложения протонов [4].

Поступила в редакцию 16/XI, 1983 г

Литература

[1] *B. S. Carpenter, P. D. Lafleur*, Int. J. Appl. Radiat and Isotop **23** (1972) 157

[2] *B. Schlenk, G. Somogui, A. Valek*, Radiat. Eff. **24** (1975) 247

[3] *J. S. Armijo, H. S. Rosenbaum*, J. App. Phys. **30** (1967) 2064

[4] *А. А. Гусаков, Г. Г. Рябова, Э. П. Грузина*, Заводская лаборатория № 1 (1978) 37

Isotopenpraxis **20** (1984) 11, S. 432 bis 434

Erfahrungen beim Einsatz von strahlenresistentem synthetischem Kieselglas

G. Boden, H.-J. Lincke

(Akademie der Wissenschaften der DDR, Zentralinstitut für Kernforschung Rossendorf)[1]

Keywords

coloration; glass; hot cells; iodine 131; opacity; radiation doses; radiation protection; shielding; silicon oxides; windows

Strahlenresistente, gegenüber ionisierender Strahlung (α-, β-, γ-, Elektronen- und Röntgenstrahlung) nicht verfärbende Gläser werden in kerntechnischen Anlagen vor allem als Sichtfenster, Küvettenmaterial für spektroskopische Messungen und als Material für Apparaturen, in denen bestimmte Vorgänge beobachtet werden müssen, verwendet. Neben cerhaltigen Silikatgläsern [1–4], die 0,5–2,5% CeO_2 enthalten und die auf Grund der Wirkung der Cer(IV)-Ionen jedoch stets eine gelbe Farbe aufweisen, ist in letzter Zeit auch synthetisches Kiegelglas [5] als strahlenresistentes Glas vorgeschlagen und verwendet worden.

Synthetische Kiegelgläser werden aus $SiCl_4$ durch Flammenpyrolyse in der Knallgasflamme (Kieselglas Typ III) oder im Sauerstoffplasma (Kieselglas Typ IV) hergestellt. Sie zeigen im Gegensatz zu den aus kristallinem Quarz, vor allem Bergkristall, erschmolzenen Kieselgläsern der Typen I und II keine Veränderungen der Absorptions- und Transmissionseigenschaften im sichtbaren Wellenlängenbereich sowie keine Lumineszenzemission bei Raumtemperatur nach Einwirkung ionisierender Strahlung. Dieses Verhalten wird sowohl auf die ausgeprägte Homo-

[1]) Anschrift: 8051 Dresden, Postfach 19

Tab. 1. Herstellungsweise, Spurenelementgehalte, Eigenschaften und Handelsnamen der 4 Kieselglastypen

	Typ I	Typ II	Typ III	Typ IV
Herstellung	Elektroschmelze im Vakuum oder unter Inertgas	Knallgasflamme (Verneuilleverfahren)	Knallgasflamme	Plasma (wasserdampffrei)
Ausgangsmaterial	Quarz	Quarz	$SiCl_4$	$SiCl_4$
Verunreinigungen in ppm				
Na	4–8	weniger als im Typ I	0,1–0,3	0,5
Al	30–100		≦4	≦4
OH	≦5	150–400	~1000	<0,2
Cl	–	~30	60–100	200
Optische Durchlässigkeit	230 nm bis 2,5 µm ca. 80–90%	260 nm bis 2,5 µm ca. 80–90%	180 nm bis 1,5 µm >90%	180 nm bis 2,5 µm >90%
Homogenität	Schlieren und Bläschen vorhanden Inhomogenitäten		schlieren- und blasenfrei; sehr homogen	
Verfärbung bei Einwirkung ionisierender Strahlung	Violettfärbung (Absorptionsmaxima bei 220, 300 und 550 nm)		keine Verfärbung im sichtbaren Bereich (Absorptionsmaximum bei 220 nm)	
Handelsnamen	Infrasil IR-Vitreosil Pursil Purposil КИ, КСШ (UdSSR)	Herasil Homosil Optosil OG-Vitreosil Q1, Q2, Q3 КВ (UdSSR)	Suprasil Spectrosil Corning 7940 SQ 1 Dynasil Tetrasil КСГ (UdSSR)	Suprasil W Spectrosil WF Corning 7943 Tetrasil SE КСП (UdSSR)

genität als auch auf den sehr geringen Spurenelement- und damit Farbzentrengehalt der synthetischen Kieselgläser im Vergleich zu den aus Bergkristall erschmolzenen Kieselgläsern zurückgeführt [6]. In Tab. 1 sind Herstellung, Eigenschaften, Spurenelementgehalte und wichtige Handelsnamen der verschiedenen Kieselglastypen zusammengestellt.

Während also bei der Bestrahlung von Kieselgläsern, die aus Bergkristall erschmolzen wurden, Absorptionspeaks im ultravioletten (220 nm) und im sichtbaren Spektralbereich (Ausläufer der 300-nm-Bande, 550 nm) auftreten, wird bei der Bestrahlung von synthetischem Kieselglas lediglich ein Absorptionspeak im ultravioletten Spektralbereich (220 nm) beobachtet. Die Intensität der Absorptionspeaks steigt jeweils mit zunehmender Bestrahlungsdosis an. Dies führt bei aus Bergkristall hergestellten Kieselgläsern bereits bei Dosen um 10^3 Gy zu einer hinsichtlich der technischen Anwendbarkeit stark störenden Violettfärbung, die sich bei Einwirkung höherer Dosen noch wesentlich vertieft (Abb. 1). Synthetische Kieselgläser hingegen bleiben unter gleichen Bestrahlungsbedingungen völlig farblos (Abb. 1).

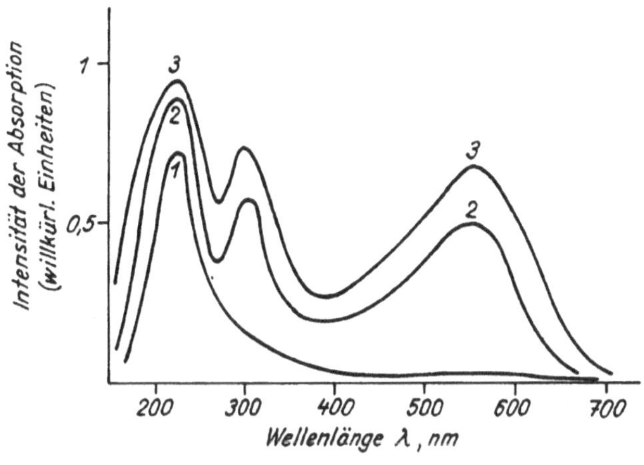

Abb. 1. Absorptionsspektren verschiedener Kieselgläser nach Bestrahlung mit Röntgen- und γ-Strahlung

1 – synthet. Kieselglas, γ-bestrahlt 10^5 Gy; 2 – Kieselglas aus Bergkristall, X-bestrahlt 10^3 Gy; 3 – Kieselglas aus Bergkristall, γ-bestrahlt 10^4 Gy

Im folgenden werden Ergebnisse und Erfahrungen bei der Verwendung des strahlenresistenten synthetischen Kieselglases vom Typ III (SQ 1, Hersteller VEB Jenaer Glaswerk, Jena) in Strahlungsfeldern mitgeteilt.

Seit ca. 6 Jahren befindet sich ein synthetisches Kieselglasfenster an einer Produktionseinrichtung der Hauptabteilung Radioaktive Präparate des ZfK Rossendorf im Einsatz. An der Anlage zur Herstellung von ^{131}Jod-Therapiekapseln, die in der Nuklearmedizin zur Therapie von jodspeichernden pathologischen Schilddrüsenprozessen im Aktivitätsbereich von 37 MBq bis 3700 MBq pro Kapsel angewendet werden, müssen kleinste Volumenmengen von ^{131}I-NaI-Lösung in Hartgelatinekapseln konfektioniert werden. Diese Prozesse werden mit Hilfe von Manipulatoren hinter Bleiabschirmungen fernbedient durchgeführt und bedürfen somit an produktionstechnisch wichtigen Stellen Strahlenschutzsichtfenster, welche eine optimale Sicht bei größter Lichtstärke gewährleisten müssen. Das bei diesem Prozeß eingesetzte Fenster aus synthetischem Kieselglas in der Größe 8 × 8 × 2,5 cm^3 wurde im genannten Einsatzzeitraum einer Dosis von ca. 1–2 × 10^3 Gy ausgesetzt. Es hat sich bis heute sehr gut bewährt und entsprach auch voll den Anforderungen des Strahlenschutzes für das genannte Einsatzgebiet.

Durch die Verwendung des strahlenresistenten synthetischen Kieselglases vom Typ III ist es möglich geworden, bei sehr guten Sichtverhältnissen und guter räumlicher Orientierung eine Produktion von radioaktiven Präparaten mit hoher Präzision unter ausreichendem Strahlenschutz durchzuführen. Damit eröffnen sich auch für einen Einsatz des strahlenresistenten synthetischen Kieselglases in warmen und heißen Zellen von Kernkraftwerken und Produktionsanlagen günstige Möglichkeiten, die stärker als bisher genutzt werden sollten.

Eingegangen am 7. 12. 1983

Literatur

[1] *W. Jahn*, Glastechn. Ber. **35** (1962) 479
[2] *W. Jahn*, Chemie-Technik **4** (1975) 281 u. 367
[3] *N. J. Kreidl, J. R. Hensler*, J. Amer. Ceram. Soc. **38** (1955) 423
[4] *W. Vogel*, Glaschemie Dt. Verlag für Grundstoffindustrie Leipzig 1979, S. 362
[5] *G. Boden, W. Nowak*, DDR-Patent 128056 vom 9. 10. 75/26. 10. 77
[6] *G. Boden*, Sprechsaal **116** (1983) 430

Isotopenpraxis **20** (1984) 11, S. 434 bis 436

Buchbesprechungen

Die Bleibelastung des Menschen

G. Lehnert, D. Szadowski, Weinheim – Deerfield Beach, Florida – Basel: Verlag Chemie 1983. 96 S., 14 Abb., 25 Tab., 309 Lit. (dt./engl.); kart. DM 28,–

Dieses Büchlein, von Arbeitsmedizinern verfaßt, will eine kritische Darstellung des heutigen Wissens über die Bleibelastung des Menschen geben. Es gliedert sich, neben einer kurzen historischen Betrachtung und einem recht umfassenden Literaturanhang, der auch ca. 45 Zitate aus den Jahren 1980–83 enthält, in vier Abschnitte.

Der erste Abschnitt ist dem biologischen Verhalten des Bleis gewidmet, wobei organische Bleiverbindungen ihrer geringeren praktischen Expositionsbedeutung wegen weggelassen werden. Gleiches gilt für Bleiisotope bzw. Radioblei. Unerwähnt bleiben auch die seit mehr als 10 Jahren genutzten großen Isotopenvariationen des Bleis zur detaillierten Verfolgung von Bleibelastungen im Sinne des Verursacherprinzips; man kann immerhin einzelne Bleiminen, die industriell genutzt werden, auch deutlich voneinander unterscheiden.

Der Leser erfährt das Wichtigste über Aufnahme, Verteilung, Ausscheidung und existierende Wechselbeziehungen. Auf die Wechselwirkung mit dem Kalzium des Skelettsystems und den Einfluß des Bleis auf das hämatopoetische System wird hingewiesen und die klinisch manifeste Bleikrankheit kurz beschrieben.

Der zweite Abschnitt gibt eine Analyse der Bleibelastung aus klinischer Sicht. Verschiedene Tabellen zeigen in anschaulicher Weise Blutbleiwerte unterschiedlich exponierter Bevölkerungsgruppen, einschließlich derjenigen, die in industriellen Ballungsgebieten einer Zusatzbelastung unterliegen. Die Bleilast des Organismus, gemessen an den Blutbleiwerten, ist für Kinder höher. Plazentapermeabilität, berufliche und individuelle Zusatzbelastungen sowie modifizierende Faktoren finden ebenfalls Berücksichtigung.

Der dritte Abschnitt behandelt die Beanspruchung des Organismus durch Blei. Neben dem Einfluß auf das hämatopoetische System wird vor allem derjenige auf das Nervensystem untersucht. Die Divergenz der tabellierten Ergebnisse wird mit der Nichterfaßbarkeit psychosomaler Partialfunktionen sowie gewissen Unzulänglichkeiten psychosomaler Testverfahren und der epidemiologischen Ansätze erklärt. Eine genetisch bedenkliche Erhöhung der Chromosomenaberrationsrate sowie kanzerogene und teratogene Wirkungen unter den Arbeits- und Umweltbedingungen moderner Industriestaaten werden verneint.

Der vierte Abschnitt beinhaltet den Gesundheitsschutz in Arbeits- und Umwelt sowohl aus hygienischer als auch klinischer Sicht. Hier offenbart sich einer der wenigen Mängel des Bändchens: Zur Bleibestimmung wird lediglich die Atomabsorptionsspektrometrie als Verfahren der Wahl angegeben, ohne andere Methoden, seien es elektrochemische, röntgenfluoreszenzspektroskopische oder kolorimetrische, auch nur zu erwähnen.

Normalwerte und Grenzwerte werden behandelt und in gelungener Weise zusammengestellt. Man findet Normalwerte von Blei in Blut und Harn, MAK-, biologische Arbeitsstoff-Toleranz(BAT)-, Einwirkungsgrenz-, MIK-, Trinkwasser- und Nahrungsmittelrichtwerte (ZEBS). Hier liegt eine der Stärken des Büchleins, das Mediziner und Hygieniker ebenso anspricht wie Naturwissenschaftler im Umweltschutz, während die allgemeine Toxikologie vergleichsweise ein wenig kurz geraten ist. *K. Wienhold*

Plasma Physics and Controlled Nuclear Fusion Research 1982 Ninth Conference Proceedings, Baltimore, 1–8 September 1982

Vienna: IAEA 1983. STI/PUB/626; zahlr. Abb. und Tab., Autoren- und Teilnehmerverzeichnis, Umrechnungstabellen gebr. physikal. Einheiten in SI; karton., Band 1: 660 S., 1260 ÖS; Band 2: 624 S., 1220 ÖS; Band 3: 551 S., 1060 ÖS.

Diese von der IAEA im Zweijahresrhythmus veranstalteten Konferenzen (u. a. 1978 Innsbruck, 1980 Brüssel) geben einen umfassenden und aktuellen Überblick über den Weltstand auf allen Gebieten der Kernfusionsforschung. Der vorliegende dreibändige Konferenzbericht enthält sämtliche 147 Beiträge, die jeweiligen Diskussionen im vollen Wortlaut sowie vier zusammenfassende Übersichten über die wichtigsten Ergebnisse der Konferenz (Experimente zur magnetischen Halterung: *H. P. Furth*; Theorie der magnetischen Halterung: *B. B. Kadomtsev*; Trägheitshalterung: *C. Yamanaka*; Reaktorsysteme: *W. M. Lomer*). Der Konferenzbericht wird als Supplement der IAEA-Zeitschrift „Nuclear Fusion" herausgegeben.

Die Beiträge sind in folgende Themengruppen gegliedert: 1. Tokamakexperimente, 2. Plasmaheizung, 3. Theorie der magnetischen Plasmahalterung, 4. Technologie und Reaktorkonzepte, 5. Hoch-β-Systeme, 6. Stellaratoren, Bumpy Tori und Multipole, 7. Offene magnetische Fallen, 8. Trägheitshalterung, 9. Fundamentale Prozesse und neue Trends.

Die Konferenz fand in der Periode der Inbetriebnahme der ersten beiden Tokamaks (TFTR und JET) der neuen

Generation statt, von welchen die physikalische Demonstration der gesteuerten Kernfusion erwartet wird. Neben der Favoritenrolle, die die Tokamakvariante weltweit besitzt, dürfte das der Grund sein, daß ein großer Teil der Konferenzbeiträge den Fortschritten auf dem Gebiet der Tokamakphysik gewidmet ist. U. a. wird in den Beiträgen über wichtige Ergebnisse bei der Erzielung höherer β-Werte, der nichtinduktiven Plasmastromerzeugung durch HF-Zusatzheizung (current drive) sowie beim Einsatz von Divertern zur Plasmasteuerung und Beeinflussung der Plasma-Wand-Wechselwirkung berichtet.

Ein größerer Komplex von Arbeiten ist Fragen der Fusionstechnologie und der Reaktorentwicklung gewidmet, wobei u. a. auch einige nicht auf dem Tokamakprinzip beruhende Reaktorkonzepte diskutiert wurden, wie z. B. Stellarator, Moving Plasmaring, Reversed-Field Pinch und Spiegelmaschinen.

Eine Reihe von Beiträgen ist den neueren Entwicklungen auf dem Gebiet trägheitsgehalterter Plasmen gewidmet, wobei über Fortschritte bei den Laser- und Teilchenstrahldrivern, der Aufklärung der Strahl-Plasma-Wechselwirkung zur Optimierung der Energieeinkopplung und der Entwicklung speziell strukturierter Mikrotargets berichtet wird.

Die Bände sind eine unentbehrliche Informationsquelle für alle auf dem Gebiet der Kernfusion aktiv Forschenden. Da viele Beiträge zusammengefaßte Berichte größerer Arbeitskollektive über komplexe Forschungen an Fusionsanlagen sind, ermöglichen die Bände einen umfassenden Überblick über den aktuellen Stand der rasch voranschreitenden Fusionsforschung. *H. Wolff*

Fusion Reactor Design and Technology
Proc. of the Third Technical Comittee Meeting and Workshop, Tokio, Japan, 5.–16. Okt. 1981

Vienna: IAEA 1983 (STI/PUB/616), Vol. 1: 591 S., Vol. 2: 486 S., div. *Abb. u. Tab.; karton. ÖS 1060,—*

Die beiden Tagungsbände der 3. Arbeitstagung „Entwurf und Technologie von Fusionsreaktoren" enthalten 66 Vorträge, die die Aktivitäten der USA, Japans und der Länder der westeuropäischen Gemeinschaft seit der vorangegangenen Tagung (Madison, USA, 1977) umfassend widerspiegeln.

Schwerpunkt der Tagung bildeten die Vorträge zur Entwicklung von Fusionsreaktoren, die nach dem Tokamakprinzip arbeiten. So wurden in Hauptvorträgen die langfristigen Programme der teilnehmenden Länder vorgestellt, die nach den derzeit in Betrieb gehenden großen Forschungstokamaks (UdSSR: T-15, USA: TFTR, Japan: T-60, westeurop. Gem.: JET) realisiert werden sollen. Im Rahmen nationaler Programme sollen im Zeitraum 1990 bis 1994 die folgenden Anlagen in Betrieb gehen: FED (Fusion Engineering Device) in den USA, FER (Fusion Experimental Reactor) in Japan und NET (Next European Tokamak) in der westeuropäischen Gemeinschaft. Eine Reihe von Vorträgen war den Arbeiten zum Internationalen Tokamakreaktor INTOR gewidmet, einem Projekt, an dem seit 1978 die UdSSR, die USA, Japan und die Länder der westeuropäischen Gemeinschaft erfolgreich zusammenarbeiten und das bis 1992 realisiert werden soll. Ziel aller dieser Arbeiten ist die Begründung der „ingenieurmäßigen Durchführbarkeit" der Kernfusion, d. h. die Schaffung der technischen Basis für ein Demonstrationskraftwerk (DEMO). Ein solches Demonstrationskraftwerk, mit dessen Bau erst für Anfang des nächsten Jahrhunderts gerechnet wird, soll vor allem die Wirtschaftlichkeit von Fusionskraftwerken demonstrieren. Endziel aller Bemühungen ist die Versorgung der Menschheit mit ausreichender Energie zu niedrigen Kosten in der ersten Hälfte des 21. Jahrhunderts.

Neben den konkreten Programmen für Fusionsreaktoren der nahen Zukunft enthält der Tagungsband eine Reihe weiterer interessanter Beiträge, wie z. B. Studien zu Fusionskraftwerken der (fernen) Zukunft und alternative Konzepte, d. h. Anlagen, die nicht nach dem Tokamakprinzip arbeiten (Stellaratoren, magnetische Spiegel u. a., sowie Reaktorkonzepte für Fusion mittels Laser- und Teilchenstrahlen). Weitere Arbeiten befassen sich mit möglichen Anwendungen der Fusion zu anderen Zwecken als zur Elektrizitätserzeugung (Fusions-Spaltungs-Hybridreaktoren zur Spaltstofferzeugung oder zur Prozeßwärmeerzeugung für chemische Anwendungen), mit Materialuntersuchungen für die innere Wand und das Blanket eines Fusionsreaktors, mit der Wechselwirkung zwischen Fusionsplasma und Reaktorwand sowie mit den Problemen der Tritiumtechnologie.

Die Arbeiten zum Entwurf von Fusionsreaktoren zeigen insgesamt eine realistische Einschätzung der Möglichkeiten, bald zu einem Demonstrationskraftwerk zu gelangen. Die gute internationale Zusammenarbeit bei der Kooperation des INTOR dürfte auch die nationalen Vorhaben stimuliert haben. Es ist ein bemerkenswerter Fortschritt auf dem Gebiet von Physik und Technologie zu erkennen, jedoch müssen in Forschung und Entwicklung weiterhin erhebliche Anstrengungen zur Realisierung eines Fusionsreaktors unternommen werden. Dazu ist die internationale Zusammenarbeit mehr denn je wünschenswert und notwendig. *P. Pech*

Titanium: Physico-Chemical Properties of its Compounds and Alloys

O. Kubaschewski, O. Kubaschewski-von Goldbeck, P. Rosl, H. F. Franzen. Wien: IAEA 1983. 460 S. (Atomic energy review, special issue No. 9) karton., Austr. Sch. 900,—

In der Reihe der bei der Internationalen Atomenergie-Behörde seit 1966 erschienenen Ergänzungsbände zu den Atomic Energy Reviews liegt jetzt der 9. Teil vor, der diese Reihe abschließen soll. Er wurde wie der vorausgegangene Band (Hafnium) von *K. L. Komarek* herausgegeben, während für die ersten 6 Bände (Plutonium, Niob, Tantal, Beryllium, Thorium und Zirkonium) *O. Kubaschewski* und für den 7. Band (Molybdän) *L. Brewer* verantwortlich zeichneten. Die Buchreihe stellt eine Datensammlung für physikalisch-chemische Eigenschaften der reinen Elemente, der bevorzugt binären Verbindungen mit nichtmetallischen Elementen, der intermetallischen Phasen und der Legierungen dar. In Anlehnung an die vorhergehenden Bände ist der vorliegende Teil gegliedert in:

— Thermodynamische Eigenschaften des reinen Metalls sowie seiner Verbindungen bzw. Legierungen mit H; F, Cl, Br, J; O, S, Se, Te; N, P, As, Sb; C, Si; B, Al sowie einer Reihe von Übergangsmetallen. (Bearbeiter: *O. Kubaschewski*; 69 S., 219 Lit.)
— Phasendiagramme mit ausführlichen Angaben zu 69 binären Systemen des Titans. (Bearbeiter: *Ortrud Kubaschewski-von Goldbeck*; 122 S., 344 Lit., 63 Diagramme)

— Kristallstruktur- und Dichte-Daten.
a) für Legierungen und intermetallische Verbindungen (Bearbeiter: *R. Rogl*; 168 S., 769 Lit.)
b) für Halogenide und Chalcogenide des Titans (Bearbeiter: *H. F. Franzen*; 67 S., 370 Lit.)
— Diffusion in Titan und Titanlegierungen sowie in Borid, Karbid, Nitrid und Oxiden. (Bearbeiter: *O. Kubaschewski*; 19 S., 81 Lit.)

Der vorliegende Band ermöglicht einen Überblick über den aktuellen Kenntnisstand bezüglich der physikalisch-chemischen Daten des Titans, seiner Verbindungen und Legierungen. Er ist allen Einrichtungen zu empfehlen, in denen Titan in reiner, legierter oder chemisch gebundener Form hergestellt oder verarbeitet wird oder in denen es über Strukturеigenschaften analysiert wird. Neben speziellen Einrichtungen der Chemie- und Hüttenindustrie sind Einrichtungen für Forschung und Entwicklung der Reaktortechnik und solche für die Erarbeitung von Legierungen auf Titanbasis oder mit Titanzusatz potentielle Nutzer dieses Buches.

Die gesamte Reihe bietet einen Wissensfundus über thermodynamische, Struktur- und Diffusionsdaten der genannten Metalle, wie er in dieser Vollständigkeit gegenwärtig wohl unübertroffen ist.

J. Kunze

Guidebook on Nuclear Techniques in Hydrology

Vienna: IAEA 1983. 439 S., 151 Abb., 26 Tab. (Technical Reports Series No. 91) STI/DOC/10/91/2; kart. ÖS 700.—

Dieser Führer der kerntechnischen Methoden in der Hydrologie ist die 2. Auflage eines 1968 zum ersten Mal erschienenen Buches mit gleichem Titel und gleicher Absicht. Schon der Umfang an Seiten läßt eindrucksvoll den Fortschritt in den letzten 15 Jahren erkennen, den dieses Spezialgebiet der Isotopenanwendungen erfahren hat. Sowohl eine Reihe internationaler Tagungen über das Gebiet der Isotopenhydrologie/Isotopenhydrogeologie, die von der IAEA initiiert und veranstaltet wurden, als auch die Internationale Hydrologische Dekade, von der UNESCO koordiniert und organisiert, sind die Gründe für den so deutlich erkennbaren Wissenszuwachs.

Das Buch ist in 28 Abschnitte unterschiedlicher Länge unterteilt, die in einem harmonischen Wechsel Anwendungen der stabilen Isotope und radioaktiven Nuklide für die unterschiedlichsten hydrologischen Probleme zeigen. Niederschläge in Form von Regen und Schnee, Gletschereis, Strömungsmessungen, oberirdischer Abfluß, Transport von Fracht auf den Flüssen, Seedynamik, Sedimentation in Süßwasserseen, Herkunft und Datierungen von Grundwässern, geothermale Systeme, Modellierungen der Isotopendaten, Isotope als Schadstofftracer und Abwasser- bzw. Deponieprobleme werden behandelt, um nur einige der Themen zu nennen.

Einige Bemerkungen: Es wird zu Recht auf der S. 6 von *B. R. Payne* die Forderung nach einer Umbenennung von TU (Tritium Einheit — die gar keine Einheit im physikalischen Sinne ist) in TR (Tritium ratio $^3H/^1H = 10^{-18}$) erhoben, aber an keiner anderen Stelle des Buches nachvollzogen; auf den Seiten 285, 340, 342, 343, 367, 418, 419 wird weiter von TU-„Einheiten" gesprochen; es wäre eine gute Gelegenheit gewesen, dies erwartetermaßen weit verbreitete Buch für eine konsequente Neubenennung zu nutzen. Die angegebenen Zitate 37 und 38 auf S. 59 fehlen auf S. 63; das Zitat 11 zu Abb. 21.6 ist offensichtlich das Zitat 12 auf S. 336. Die Formeln (19.1) auf S. 285, (19.31) auf S. 303 und vor allem (19.33) auf S. 305 sind unvollständig, bei letzterer Formel fehlt das $\sum$ für die molare Konzentration des gesamtgelösten Kohlenstoffs.

Die Literatur wurde mit insgesamt 575 Hinweisen erfaßt; allein aus den Jahren 1976—1982 stammen 250 Zitate ($\triangleq$ 43,5%). Dieses Buch ist jedem Isotopenhydrologen und Hydrologen/Hydrogeologen sehr zu empfehlen und sollte jeder Bibliothek zur Anschaffung empfohlen werden, die eine auf dem Gebiet der Anwendung von Isotopen in den Geowissenschaften arbeitende Leserschaft zu betreuen hat.

H. Hübner

Elektronik-Lexikon

W. Baier. Stuttgart: Franckh'sche Verlagsbuchhandlung 1982. 2., bearb. u. erw. Auflage. 755 S., mehr als 1300 Zeichnungen im Text; gebunden DM 248,—

Die Elektronik ist heute aus keinem Wirtschaftszweig und keinem Lebensbereich mehr wegzudenken. Sie ist entscheidender Bestandteil der Kontroll- und Automatisierungseinrichtungen in der Industrie. In der modernen Medizin, in der Bürotechnik, im Kommunikationswesen, im Haushalt und gar nicht zu reden von den Forschungs- und Entwicklungseinrichtungen aller Disziplinen, ist die Elektronik seit langem integriertes Hilfsmittel, dessen Bedeutung ununterbrochen wächst. Infolge der überaus raschen Entwicklung und Ausweitung dieses Gebietes ist es für den einzelnen Fachmann kaum noch überschaubar. Folgerichtig haben sich in den letzten Jahrzehnten innerhalb der Elektronik Spezialrichtungen, wie die Elektroniktechnologie, die Leistungselektronik, die Informationstechnik u. a. bis hin zur Quantenelektronik herausgebildet, die inzwischen in den meisten Fach- und Hochschulen auch gesondert gelehrt werden. Damit tauchen bei der Bearbeitung elektronischer Aufgaben immer häufiger Fragen auf, die nicht unmittelbar in das Spezialgebiet eines einzelnen Bearbeiters gehören und von ihm auch nicht ohne weiteres lösbar sein müssen. Hier bietet das Elektronik-Lexikon schnellen und unkomplizierten Zugang zu praktischen Informationen, die zu einer Klärung des Problems führen, zumindest aber dazu beitragen können.

Das Lexikon umfaßt in verständlicher Sprache formulierte Beschreibungen zu knapp 6000 Stichworten. Darüber hinaus sind in einem Anhang von über 30 Tabellen zahlreiche elektrische und elektromagnetische sowie mechanische und thermische Daten von Leitern, Halbleitern, Supraleitern und Isolierstoffen, Angaben über Thermospannungen, Zellen, Akkumulatoren, Brennstoffzellen, Fernsehnormen, Richtfunkgeräte, Stromrichterventile u. a. enthalten, die bei der Bearbeitung elektronischer und elektrotechnischer Aufgaben immer wieder benötigt werden.

Mit dem Elektronik-Lexikon liegt ein aktuelles Standardwerk für den Fachmann vor, das aber auch dem Wissenschaftler und Ingenieur, der im Rahmen seiner Tätigkeit tiefgreifender mit der Elektronik in Berührung kommt, sehr empfohlen werden kann.

J. Holzhey

ISOTOPENPRAXIS

Volume 20 1984 Heft 11

Contents

Articles

Letters to the Editor

Inhalt

Originalarbeiten

Kurze Originalmitteilungen

Isotopenpraxis is indexed in Current Contents/PC & ES, Science Citation Index, and INIS Atomindex

Kolibri 360 GmbH
Ferdinand-Jühlke-Straße 7
99095 Erfurt, Deutschland
produktsicherheit@kolibri360.de